Technik im Fokus

Konzeption der Energie-Bände in der Reihe Technik im Fokus: Prof. Dr.-Ing. Viktor Wesselak, Institut für Regenerative Energietechnik, Hochschule Nordhausen

Technik im Fokus

Photovoltaik – Wie Sonne zu Strom wird
Wesselak, Viktor; Voswinckel, Sebastian, ISBN 978-3-642-24296-0

Komplexität – Warum die Bahn nie pünktlich ist
Dittes, Frank-Michael, ISBN 978-3-642-23976-2

Kernenergie – Eine Technik für die Zukunft?
Neles, Julia Mareike; Pistner, Christoph (Hrsg.), ISBN 978-3-642-24328-8

Energie – Die Zukunft wird erneuerbar
Schabbach, Thomas; Wesselak, Viktor, ISBN 978-3-642-24346-2

Werkstoffe – Unsichtbar, aber unverzichtbar
Weitze, Marc-Denis; Berger, Christina, ISBN 978-3-642-29540-9

Werkstoff Glas – Alter Werkstoff mit großer Zukunft
Schaeffer, Helmut; Langfeld, Roland, ISBN 978-3-642-37230-8

3D-Drucken – Wie die generative Fertigungstechnik funktioniert
Fastermann, Petra, ISBN 978-3-642-40963-9

Wasserstoff und Brennstoffzellen – Unterwegs mit dem saubersten Kraftstoff
Lehmann, Jochen; Luschtinetz, Thomas, ISBN 978-3-642-34667-5

Weitere Bände zur Reihe finden Sie unter
http://www.springer.com/series/8887

Viktor Wesselak · Sebastian Voswinckel

Photovoltaik – Wie Sonne zu Strom wird

2. Auflage

 Springer

Viktor Wesselak
Nordhausen, Deutschland

Sebastian Voswinckel
Nordhausen, Deutschland

ISSN 2194-0770
Technik im Fokus
ISBN 978-3-662-48905-5
DOI 10.1007/978-3-662-48906-2

ISSN 2194-0789 (electronic)

ISBN 978-3-662-48906-2 (eBook)

Die Deutsche Nationalbibliothek verzeichnet diese Publikation in der Deutschen Nationalbibliografie; detaillierte bibliografische Daten sind im Internet über http://dnb.d-nb.de abrufbar.

Gedruckt auf säurefreiem und chlorfrei gebleichtem Papier.

Springer ist Teil von Springer Nature
Die eingetragene Gesellschaft ist Springer-Verlag GmbH Berlin Heidelberg

Vorwort

Wie kein anderer Energiewandler ist die Solarzelle das Symbol für eine nachhaltige und umweltfreundliche Energieerzeugung. Der Umbau unseres derzeitigen, überwiegend auf fossilen und nuklearen Energieträgern beruhenden Energiesystems steht erst am Anfang. Energieeffizienz und die Nutzung erneuerbarer Energien sind dabei die wichtigsten Stellgrößen.

Kapitel 1: Warum Photovoltaik? Mit Hilfe von Solarzellen lässt sich aus der frei verfügbaren Strahlungsenergie der Sonne hochwertige elektrische Energie erzeugen. Die Photovoltaik hat sowohl technologisch als auch hinsichtlich der Stromgestehungskosten in den vergangenen zwei Jahrzehnten eine beispiellose Entwicklung gemacht. Heute liegen die Kosten der Stromerzeugung mittels Photovoltaik in Deutschland zwischen 8 und 12 Cent und damit in der Größenordnung der fossilen Energieträger – Tendenz: weiter fallend.

Kapitel 2: Wie groß ist die nutzbare Einstrahlung? Solarzellen nutzen mit der Strahlungsenergie der Sonne ein sowohl im Tages- als auch im Jahresverlauf stark schwankendes Energieangebot. Ebenfalls eine große Rolle spielt der geografische Ort, an dem die Nutzung der Einstrahlung erfolgen soll. Hilfsmittel wie Strahlungsatlanten erleichtern die Auslegung von Photovoltaikanlagen anhand langjähriger monatlicher Mittelwerte der Einstrahlung.

Kapitel 3: Wie funktioniert eine Solarzelle? Um die physikalischen Vorgänge in einer Solarzelle verstehen zu können, hat sich eine Beschreibung der Einstrahlung als Lichtteilchen bewährt. Je nach Energie kann ein solches Teilchen in dem Ausgangsmaterial der Solarzelle freie Ladungsträger erzeugen. Diese werden durch ein in die Solarzelle eingebautes elektrisches Feld nach Ladung getrennt und bauen so an der Oberfläche der Zelle eine elektrische Spannung auf. Verbindet man die beiden Oberflächen leitend, so stellt sich ein zur Einstrahlung proportionaler elektrischer Stromfluss ein.

Kapitel 4: Wie werden Solarzellen hergestellt? Solarzellen unterscheiden sich hinsichtlich des verwendeten Ausgangsmaterials und des Herstellungsprozesses. Der überwiegende Anteil der Solarzellen wird aus kristallinem Silizium gefertigt. In den letzten Jahren konnte sich mit den Dünnschichttechnologien ein neuer Zelltyp auf dem Markt etablieren, der zwar einen geringeren Wirkungsgrad, aber deutlich geringere Herstellungskosten aufweist.

Kapitel 5: Wie baut man gute Photovoltaikanlagen? Solarzellen bzw. aus der Verschaltung zahlreicher Solarzellen entstandene Photovoltaikgeneratoren bilden das Herz jeder Photovoltaikanlage. Die Dimensionierung des Generators, seine Ausrichtung und das Zusammenspiel mit dem Netzeinspeisegerät sind entscheidende Faktoren, die über den Ertrag und damit über die Wirtschaftlichkeit einer Photovoltaikanlage entscheiden. Eine abnehmende Rolle spielen derzeit noch Markteinführungsprogramme, wie das deutsche Erneuerbare-Energien-Gesetz.

Kapitel 6: Welche Rolle spielt Photovoltaik in der Energieversorgung der Zukunft? Die Photovoltaik ist ein wichtiger Baustein unserer zukünftigen Energieversorgung. Ihr Potential umfasst etwa ein Viertel des gegenwärtigen deutschen Strombedarfs. Davon wird derzeit nur ein Bruchteil genutzt. Wie schnell und wie umfangreich dieses Potential ausgeschöpft werden kann, hängt u. a. vom Umbau unseres Energiesystems hin zu einer überwiegend dezentralen Erzeugungsstruktur ab.

Als Autoren ist uns bewusst, dass wir mit diesem Buch nur einen kleinen Einblick in die Photovoltaik geben können. Dabei haben wir uns bemüht, weitestgehend auf eine ingenieurtechnische Fachsprache zu verzichten. Eine kommentierte Literaturliste am Ende dieses Bandes ermöglicht auf unterschiedlichen Ebenen einen vertiefenden Einstieg in die Thematik.

Nordhausen, im Winter 2015 Viktor Wesselak
Sebastian Voswinckel

Inhaltsverzeichnis

Einführung

Here comes the sun, here comes the sun, and I say it's all right.
(George Harrison 1969)

1.1 Warum Photovoltaik?

Photovoltaik bezeichnet die Umwandlung von Strahlungsenergie in elektrische Energie mittels Solarzellen. Der Begriff *Photovoltaik* ist ein um 1920 aufgekommenes Kunstwort, das aus dem griechischen Wortstamm für Licht und der Einheit für die elektrische Spannung zusammengesetzt wurde.

Die Solarzelle ist eine der bemerkenswertesten Erfindungen der Ingenieurwissenschaften überhaupt: Sie wandelt die frei und überall auf der Welt kostenlos zur Verfügung stehende Sonnenstrahlung direkt in elektrische Energie um, die ihrerseits leicht in nahezu jede andere Energieform umgewandelt werden kann. Die Solarzelle kommt dabei praktisch ohne Wartung aus, da sie keine bewegten Teile besitzt oder Hilfsenergien benötigt. Ihre Lebensdauer ist so hoch, dass die Hersteller mindestens 20 Jahre Garantie geben. Zu ihrer Produktion wird vor allem Quarzsand benötigt, ein Stoff, der praktisch unbegrenzt auf der Erde vorhanden ist. Weiterhin lassen sich Solarzellen durch eine Verschaltung zu Solargeneratoren einfach in der elektrischen Leistung skalieren. Diesen Vor-

© Springer-Verlag Berlin Heidelberg 2016
V. Wesselak und S. Voswinckel, *Photovoltaik – Wie Sonne zu Strom wird*,
Technik im Fokus, DOI 10.1007/978-3-662-48906-2_1

a

b

Abb. 1.1 Einsatz von Solarzellen bei einem Kleinverbraucher im Milliwattbereich (**a**), Solarkraftwerk mit mehreren Megawatt Leistung (**b**)

teilen steht jedoch die direkte Abhängigkeit der Energieerzeugung von der momentanen Sonneneinstrahlung gegenüber, die u. U. einen Energiespeicher oder die Kombination mit anderen Energieerzeugungsanlagen notwendig macht.

Das Haupteinsatzfeld von Solarzellen hat sich in den letzten 40 Jahren von kleineren und mittleren netzautarken Anwendungen, wie beispielsweise der Energieversorgung von Satelliten oder elektrischen Kleinverbrauchern (Abb. 1.1a), hin zu netzgekoppelten Solarkraftwerken verlagert. Heute leisten Solarzellen einen wachsenden Beitrag zur öffentlichen Energieversorgung. Solarkraftwerke mit einer Nennleistung im Megawattbereich sind inzwischen Stand der Technik. Diese Entwicklung beruht auf erheblichen technologischen Fortschritten in der Zell- und Modulfertigung sowie der Entwicklung von leistungsfähigen Netzeinspeisegeräten und wurde durch die in vielen Ländern gestarteten Markteinführungsprogramme befördert.

Mit steigenden Produktionsmengen in der Photovoltaikindustrie gehen sinkende Preise einher. Dieser aus allen Bereichen der industriellen

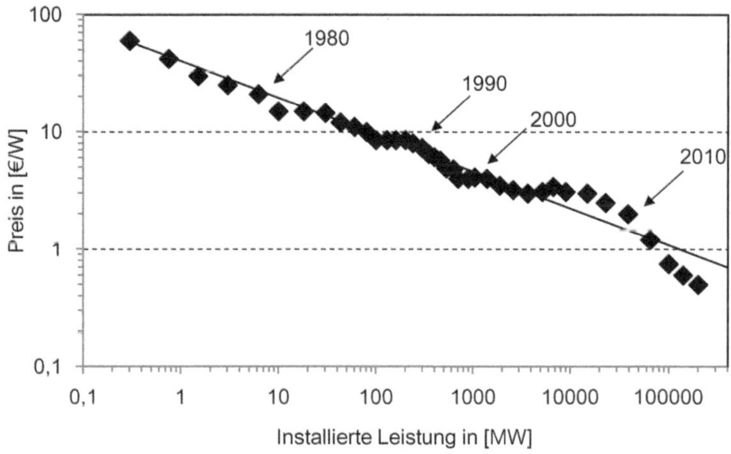

Abb. 1.2 Preis-Lernkurve von Photovoltaikmodulen aus kristallinem Silizium. (Nach Fh-ISE [1])

Produktion bekannte Effekt kann in einer sogenannten *Preis-Lernkurve* zusammengefasst werden: Abb. 1.2 zeigt den auf die Leistung bezogenen Preis eines Solarmoduls aufgetragen über der insgesamt installierten Leistung. Wählt man für beide Achsen eine logarithmische Darstellung, so ergibt sich annähernd eine Gerade. Aus der Preis-Lernkurve lässt sich ablesen, dass in den vergangenen Jahrzehnten eine Verzehnfachung der installierten Leistung jeweils eine Halbierung der Preise zur Folge hatte. Gleichzeitig werden dadurch auch Prognosen über die künftige, produktionsmengenabhängige Preisentwicklung ermöglicht. In Deutschland wurde im Jahr 2012 für Haushaltskunden *Netzparität* erreicht: Das bedeutet, dass die Stromgestehungskosten von kleinen dezentralen Photovoltaikanlagen unter den Endkundenpreis von Elektrizität aus dem öffentlichen Netz gesunken sind. Tendenz: weiter fallend.

1.2 Kleine Geschichte der Photovoltaik

Die Geschichte der Photovoltaik geht zurück auf die Entdeckung des Photoeffekts durch den französischen Physiker Alexandre-Edmond Becquerel im Jahr 1839. Becquerel beobachtete bei elektrochemischen Experimenten, dass sich der Strom in seiner Versuchsanordnung je nach Beleuchtung veränderte. Man unterscheidet den von Becquerel beobachteten *äußeren* Photoeffekt, bei dem Elektronen unter Lichteinwirkung aus einem Festkörper austreten, und den für die Photovoltaik relevanten *inneren* Photoeffekt, bei dem die Elektronen im Festkörper verbleiben, aber durch die Aufnahme von Energie in einen energiereicheren Zustand übergehen. Der innere Photoeffekt wurde erstmals 1873 in Form einer bei Beleuchtung beobachteten Veränderung des elektrischen Widerstands von Selen beschrieben. Das erste funktionsfähige Solarmodul wurde von dem amerikanischen Wissenschaftler Charles Fritts 1894 präsentiert. Das Modul hatte eine Fläche von etwa 30 cm^2 und bestand aus Selenzellen, die zwischen zwei Metallschichten eingebettet waren. Dabei bestand die beleuchtete Oberfläche aus einer dünnen Goldschicht. Das Modul soll einen Wirkungsgrad von einem Prozent gehabt haben.

Der Photoeffekt führte zu einem Widerspruch zu der Ende des 19. Jahrhunderts geltenden Auffassung vom Wellencharakter des Lichts, da die Energie der angeregten Elektronen von der Frequenz, aber nicht von der Amplitude des anregenden Lichts abhängt (Abschn. 2.1). Eine erste Erklärung lieferte 1905 Albert Einstein mit seiner Lichtquantenhypothese, für die er 1921 den Nobelpreis für Physik erhielt. Das theoretische Verständnis der heutigen Photovoltaik wurde in den 50er-Jahren des letzten Jahrhunderts mit dem Konzept des p-n-Übergangs gelegt. Hier sind vor allem die grundlegenden Arbeiten des amerikanischen Physikers William Shockley und seines deutschen Kollegen Hans-Joachim Queisser hervorzuheben.

Die ersten Silizium-Solarzellen mit p-n-Übergang wurden 1953 von den Bell Laboratories entwickelt. Sie hatten einen Wirkungsgrad zwischen 4 und 6 % und schafften es bis auf die Titelseite der New York Times (Abb. 1.3). Ähnliche Ergebnisse wurden kurze Zeit später auch mit Materialen wie beispielsweise Galliumarsenid erzielt. Erste Anwendungen in den 1950er-Jahren waren die Stromversorgung von Telefonverstärkern sowie des amerikanischen Satelliten Vanguard 1, der neben einer Batterie zusätzlich mit Solarzellen zur Energieversorgung ausgestattet war. Der Erfolg dieses Projekts – Vanguard 1 sendete sieben Jahre Signale aus – legte den Grundstein für die kommerzielle Solarzellenproduktion und deren Anwendung in Satelliten. Erst Mitte der 70er-

The New York Times

Vast Power of the Sun Is Tapped By Battery Using Sand Ingredient

Special to The New York Times.

MURRAY HILL, N. J., April 25—A solar battery, the first of its kind, which converts useful amounts of the sun's radiation directly and efficiently into electricity, has been constructed here by the Bell Telephone Laboratories.

The new device is a simple-looking apparatus made of strips of silicon, a principal ingredient of common sand. It may mark the beginning of a new era, leading eventually to the realization of one of mankind's most cherished dreams—the harnessing of the almost limitless energy of the sun for the uses of civilization.

they had achieved an efficiency of 6 per cent in converting sunlight directly into electricity. This, they asserted, compares favorably with the efficiency of steam and gasoline engines, in contrast with other photoelectric devices, which have a rating of no more than 1 per cent.

With improved techniques the efficiency may be expected to be increased substantially, they added. They observed that nothing is consumed or destroyed in the energy conversion process and there are no moving parts, so the solar battery "should theoretically last indefinitely."

The experimental solar battery

Abb. 1.3 Artikelausschnitt von der Titelseite der New York Times vom 26.04.1954. (Grafik: New York Times)

Jahre, als in der Folge der Ölkrise das weltweite Interesse für erneuerbare Energien wuchs, übertraf die Produktion von Solarzellen für terrestrische Zwecke die für die Raumfahrt.

Terrestrische Anwendungen beschränkten sich zunächst überwiegend auf Inselsysteme zum Betrieb von Kommunikations- und Signalanlagen, in Einzelfällen auch zur Versorgung von Siedlungen in netzfernen Gebieten. In den 1980er-Jahren nahm die Entwicklung der Photovoltaik zwei unterschiedliche Richtungen: Einerseits entstanden erste Großprojekte mit Nennleistungen bis in den Megawattbereich, andererseits wurden die spezifischen Vorteile der Photovoltaik für eine dezentrale Energieerzeugung erkannt. 1987 startete in der Schweiz das Projekt *Megawatt*, das die Installation von 333 Anlagen mit einer Spitzenleistung von jeweils $3\,kW_p$ zum Gegenstand hatte. Neben der Machbarkeit standen insbesondere die Entwicklung standardisierter Komponenten und ihre Bewährung im Feldtest im Vordergrund. Ähnliche Ziele verfolgte das 1990 aufgelegte deutsche 1000-Dächer-Programm, das durch ein umfangreiches wissenschaftliches Messprogramm seitens des damals noch jungen Fraunhofer-Instituts für Solare Energiesysteme begleitet wurde. Wesentlicher Baustein des 1000-Dächer-Programms war neben einer finanziellen Förderung der Anlagen das 1990 verabschiedete Stromeinspeisegesetz, das die Abnahme und Vergütung der erzeugten Energie durch die Energieversorger regelte. In der Folge wurde 1995 in Japan ein 70.000-Dächer Programm und 1999 in Deutschland ein 100.000-Dächer Programm aufgelegt. Die Förderung einzelner Anlagen über einen Zuschuss oder zinsverbilligte Kredite wurde in Deutschland durch die im Erneuerbaren-Energien-Gesetz (EEG) geregelte kostendeckende Vergütung der eingespeisten Energie abgelöst (vgl. Abschn. 5.4).

Die technische Entwicklung der Solarzellen konzentrierte sich bis in die 90er-Jahre vor allem auf die Erhöhung der Wirkungsgrade kristalliner Zellen. Der australische Wissenschaftler Martin Green dokumentiert die Fortschritte auf diesem Gebiet in regelmäßigen Abständen in der Zeitschrift *Progress in Photovoltaics*. Große Durchbrüche sind hier jedoch nicht mehr zu erwarten; insbesondere die Wirkungsgrade kristalliner Solarzellen liegen bereits nahe ihrer physikalischen Grenzen (Abschn. 3.5). In den 2000er-Jahren standen die weitgehende Automatisierung der Herstellungsprozesse, die Vergrößerung der Zellfläche (Abb. 1.4) sowie die Material- und damit Kostenersparnis durch dünneres Halbleitermaterial im Vordergrund. Insbesondere die Dünnschichttechnologie hat bezüglich des Preis-Leistungs-Verhältnisses mit den kristallinen Solarzellen gleichgezogen und steht dabei erst am Beginn ihrer Lernkurve. Eine Vielzahl von technologischen Weiterentwicklungen wie Solarzellen mit mehreren p-n-Übergängen oder Solarzellen auf der Basis organischer Materialien befinden sich derzeit an der Schwelle zur Markteinführung, so dass die technische Entwicklung der Photovoltaik noch lange nicht abgeschlossen ist.

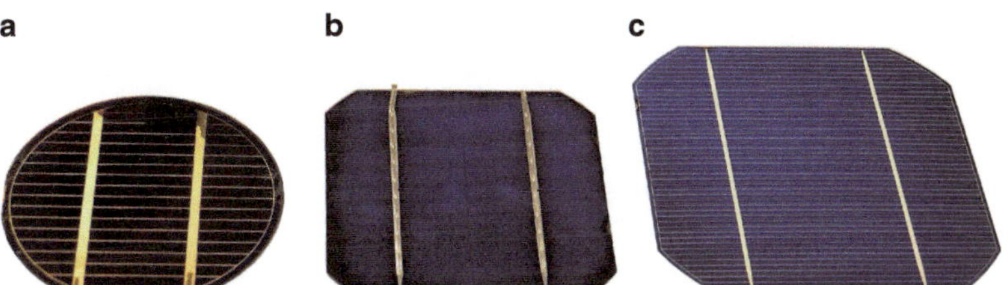

Abb. 1.4 Monokristalline Silizium-Solarzelle der 80er-Jahre (**a**), der 90er-Jahre (**b**) und heute (**c**). (Foto: Leibbrandt/Steinert)

Literatur

Fraunhofer ISE (Hg.): Photovoltaics Report. Freiburg 2015

Strahlungsquelle Sonne 2

Zusammenfassung

Solarzellen nutzen bestimmte Anteile der Strahlungsenergie der Sonne und wandeln diese in elektrische Energie um. Für viele planerische oder anwendungsbezogene Fragestellungen, wie beispielsweise den möglichen Ertrag einer Photovoltaikanlage, sind statistische Angaben über das örtliche Strahlungsangebot ausreichend, beispielsweise in Form von monatlichen oder jährlichen Mittelwerten der Einstrahlung. Für das Verständnis der Solarzelle selbst sowie deren ingenieurtechnische Weiterentwicklung ist jedoch auch die spektrale Zusammensetzung der Einstrahlung von Bedeutung.

Dieses Kapitel dient der Beschreibung des auf der Erde nutzbaren Strahlungsangebots der Sonne. Dazu werden zunächst die physikalischen Eigenschaften von Strahlung betrachtet, die zu der Vorstellung von Lichtteilchen führten. Anschließend sollen die Vorgänge in der Sonne sowie der Einfluss der Erdatmosphäre näher betrachtet werden. Schließlich sind eine Reihe nutzungsabhängiger Parameter zu berücksichtigen, wie die geographische Lage oder die Ausrichtung der Empfangsfläche.

© Springer-Verlag Berlin Heidelberg 2016
V. Wesselak und S. Voswinckel, *Photovoltaik – Wie Sonne zu Strom wird*,
Technik im Fokus, DOI 10.1007/978-3-662-48906-2_2

2.1 Welle oder Teilchen?

Strahlung kann als Welle oder als Teilchen aufgefasst werden. Beide Beschreibungsformen erklären jeweils nur einen Teil der beobachtbaren Phänomene. Bis weit in das 19. Jahrhundert dominierte die durch leicht nachvollziehbare optische Experimente begründete Auffassung, dass Licht Wellencharakter habe. Die zwischen 1886 und 1900 von *Heinrich Hertz*, *Wilhelm Hallwachs* und *Philipp Lenard* durchgeführten Experimente zu dem bereits bekannten äußeren Photoeffekt führten jedoch zu einem nicht auflösbaren Widerspruch: Die kinetische Energie der bei Beleuchtung aus einer Metalloberfläche ausgetretenen Elektronen hängt nicht von der Intensität, d. h. der Amplitude der Lichtwelle ab, sondern von deren Frequenz. Je höher die Frequenz des einfallenden Lichts ist, desto höher ist die Bewegungsenergie der freigesetzten Elektronen. Die Intensität des Lichts beeinflusst lediglich die Anzahl der freigesetzten Elektronen.

Zur Erklärung des Photoeffekts veröffentlichte Albert Einstein 1905 seine *Lichtquantentheorie*. Diese baute auf der kurz zuvor von *Max Planck* veröffentlichten Hypothese zu Erklärung der Frequenzverteilung von Strahlung – dem Planck'schen Strahlungsgesetz – auf. Einstein erweiterte Plancks Theorie der diskreten Energieniveaus von Materie auf Lichtteilchen. Einsteins Lichtteilchen sind also Lichtquanten, d. h. Teilchen mit einer definierten Energie. Diese Energie können sie auf ein Elektron übertragen, das dadurch auf ein höheres Energieniveau gehoben oder aus dem Festkörper herausgelöst werden kann.

Quanten
Bei ihren Untersuchungen an immer kleineren Teilchen und Systemen machten die Physiker Anfang des 20. Jahrhundert eine überraschende Feststellung: Bei Wechselwirkungen dieser mikroskopischen Teilchen oder Systeme mit ihrer Umgebung ändern sich bestimmte Eigenschaften nicht kontinuierlich sondern sprungartig. Die physikalischen Größen, die diese Eigenschaften beschreiben, können also nur bestimmte Werte annehmen, d. h. sie sind gequantelt.

Für den Bereich der Energie bedeutet dies, dass Energie nur in Form von Energiequanten ausgetauscht werden kann, wobei das Quantum, d. h. die kleinste Menge der Energie, durch spezifische physikalische Größen bestimmt wird. So hat ein Photon als Energiequant der elektromagnetischen Strahlung eine zur Frequenz der Strahlung proportionale Energie.

Wenngleich Einsteins Lichtquantenhypothese den Photoeffekt erklären konnte, war der Welle-Teilchen-Dualismus noch nicht aufgelöst. Der Physiker *Niels Bohr* führte hierfür den Begriff der *Komplementarität* ein: Zwei einander ausschließende Eigenschaften werden zur vollständigen Beschreibung eines Objekts herangezogen. Experimentell können beide Eigenschaften nie gleichzeitig nachgewiesen werden; vielmehr bestimmt die Art des Experiments, welche Beschreibungsform zu benutzen ist. Dieser scheinbare Widerspruch beruht auf dem Versuch, die mikrophysikalische Welt durch Begriffe der klassischen Physik und damit der makroskopischen Welt zu beschreiben. Die mikrophysikalische Welt der Quanten unterscheidet sich jedoch in ihren Strukturen fundamental von unserer makroskopischen (Erfahrungs-)Welt und ist eben nicht nur eine Verkleinerung derselben.

Eine Auflösung des Welle-Teilchen-Dualismus erfolgte erst in den 1920er-Jahren mit der Formulierung der *Quantenmechanik*. Sie bedeutete eine Abkehr von der klassischen Mechanik, die jedem Teilchen einen definierten Ort und eine definierte Geschwindigkeit zuweist. In der Quantenmechanik werden alle Teilchen durch Wellenfunktionen beschrieben, die sich als Aufenthaltswahrscheinlichkeit interpretieren lassen. Wendet man diese Modellvorstellung auf die elektromagnetische Strahlung an, lassen sich sowohl die optischen Eigenschaften von Licht als auch der Photoeffekt schlüssig erklären.

2.2 Strahlung und Materie

Für das Verständnis der Wechselwirkung von Strahlung und Materie und damit der energietechnischen Nutzung von Strahlung ist die Beschreibung als Teilchen am geeignetsten. Ein Strahlungsteilchen oder Lichtquant wird als *Photon* bezeichnet. Es bewegt sich mit Lichtgeschwindigkeit und besitzt keine Ruhemasse. Für die Energie eines Photons gilt

$$E = h \cdot v = h \cdot \frac{c}{\lambda}.$$

Der Wellencharakter der Strahlung kommt in der Abhängigkeit der Energie E eines Photons von der Frequenz v zum Ausdruck. Das Planck'sche Wirkungsquantum h ist eine Naturkonstante und verknüpft die Frequenz mit der Energie eines Photons. Da sich Photonen mit Lichtgeschwindigkeit ausbreiten, kann die Frequenz auch durch den Quotienten aus Lichtgeschwindigkeit c und Wellenlänge λ ausgedrückt werden.

Trifft nun Strahlung auf Materie (vgl. Abb. 2.1), folgt aus diesen Eigenschaften, dass ein Photon seine Energie vollständig auf ein Atom überträgt oder überhaupt nicht. Überträgt ein Photon seine Energie, so existiert es danach nicht mehr. Dieser Vorgang wird als *Absorption* bezeichnet. Findet kein Energieübertrag statt, so kann das Photon abgelenkt werden, ohne seine Energie zu verändern. Man spricht von *Streuung*. Hierbei sind insbesondere zwei Fälle von Bedeutung: die *Reflexion*, bei der das Lichtteilchen von der Oberfläche des Festkörpers zurückgeworfen wird, und die vollständige *Transmission* der Materie.

Die konkrete Wechselwirkung hängt von der jeweiligen atomaren Struktur der Materie ab. Findet eine Absorption statt, so kann die durch das Photon übertragene Energie die Bewegungsenergie des Atoms erhöhen oder seinen inneren Zustand verändern. Im ersten Fall führt die

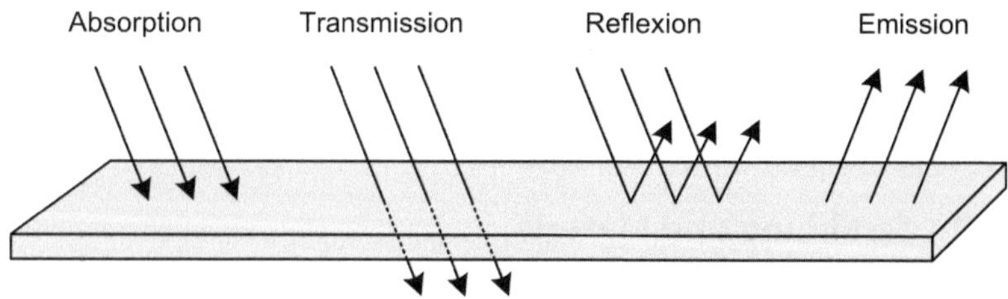

Abb. 2.1 Wechselwirkungen von Strahlung und Materie

Zunahme der inneren Energie zu einer Erwärmung der Materie. Im zweiten Fall werden beispielsweise Elektronen aus ihrer Bindung an ein Atom gelöst und stehen für einen Ladungstransport zur Verfügung. Dieser Vorgang findet beim inneren Photoeffekt statt.

Anhand ihres Absorptionsverhaltens unterscheidet man schwarze, weiße, graue und selektive Körper. Schwarze Körper zeichnen sich durch eine vollständige Absorption, weiße Körper durch eine vollständige Reflexion aller auftreffenden Photonen aus. Graue Körper weisen eine gleichmäßige aber nicht vollständige Absorption auf, wohingegen selektive Körper Photonen nur aus bestimmten Spektralbereichen absorbieren. Schwarze, weiße und graue Körper stellen Idealisierungen dar, reale Körper weisen selektives Verhalten auf. Da jeder Körper der Strahlung absorbiert auch emittiert, wird in der Strahlungsphysik auch der Begriff *Strahler* verwendet.

Die Emission von Photonen stellt eine Umkehrung des Absorptionsprozesses dar. Man unterscheidet u. a. die thermische Emission, bei der die Wärmebewegung der Atome ein von der Temperatur abhängiges

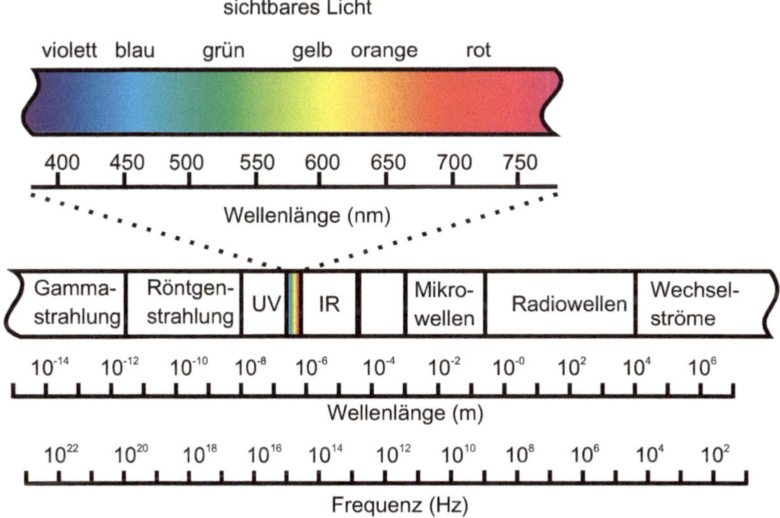

Abb. 2.2 Elektromagnetisches Strahlungsspektrum. (Schabbach und Wesselak [1])

Spektrum aussendet, und die Emission von Photonen bei dem Übergang von Atomen aus einem energiereicheren in einen energieärmeren Zustand.

Je nach Wellenlänge (und damit Energie) des Photons haben sich unterschiedliche Bezeichnungen für die Strahlung etabliert. Der Bereich des für das menschliche Auge sichtbaren Lichts nimmt dabei nur den vergleichsweise kleinen Wellenlängenbereich von 380 bis 780 Nanometer (nm) ein und ist mit seiner Aufteilung in die Spektralfarben in Abb. 2.2 dargestellt. Im unteren Wellenlängenbereich schließt sich die Ultraviolettstrahlung und im oberen Wellenlängenbereich die für solarthermische Anwendungen ebenfalls relevante Infrarotstrahlung an.

2.3 Strahlungsquelle Sonne

Die Sonne ist ein Himmelskörper, der aus extrem heißem Plasma besteht. In Abb. 2.3 ist ein Aufbau der Sonne skizziert. Sie erzeugt durch Fusionsprozesse in ihrem Inneren Energie, die durch unterschiedliche Transportmechanismen an die Oberfläche weitergereicht und dort in Form von Strahlung in das Weltall abgegeben wird. 90 % der Energieerzeugung findet dabei im Kern statt, der ein Viertel des Sonnendurchmessers einnimmt. Dort herrschen Temperaturen von 13 bis 15 Millionen Kelvin (K). Der Energietransport vom Kern nach außen erfolgt zunächst durch energiereiche Strahlung, insbesondere im Röntgen- und Gammabereich des Spektrums.

Über unzählige Absorptions- und Reemissionsprozesse wird die Energie durch die sogenannte Strahlungszone vom Kern an die äußeren Schichten weitergereicht. Bei der Wechselwirkung der Photonen mit Atomen oder einzelnen Elementarteilchen werden im Mittel Photonen mit einer geringeren Energie emittiert, als vorher absorbiert. Daraus ergibt sich eine spektrale Verschiebung der Strahlung in den Bereich größerer Wellenlängen, d. h. in den Bereich der Röntgenstrahlung. Bei etwa 75 % des Sonnenradius ist die Temperatur auf etwa 1,5 Mio. K abgefallen und die gasförmige Materie lässt nur noch wenig Strahlung passieren. Turbulente Konvektionsströmungen übernehmen nun den Energietransport bis dicht unter die Sonnenoberfläche. Die äußerste Sonnenschicht, die Photosphäre, ist nur einige hundert Kilometer

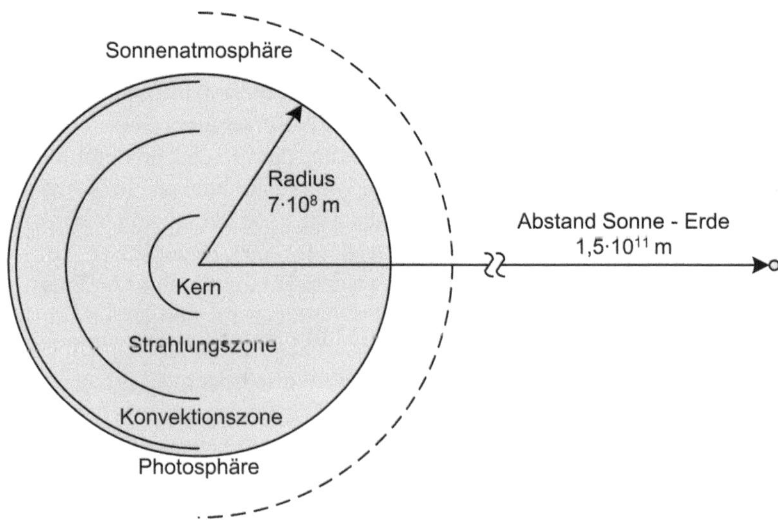

Abb. 2.3 Aufbau der Sonne

dick. In ihr fällt die Temperatur relativ steil auf eine durchschnittliche Oberflächentemperatur von etwa 6000 K ab. Von hier aus erfolgt die Abstrahlung in den Weltraum. Die ausgedehnte Sonnenatmosphäre kann wegen ihrer geringen Dichte für die weiteren Betrachtungen vernachlässigt werden. Die Zeitdauer des beschriebenen Energietransports von der Erzeugung im Kern bis zur Abstrahlung in den Weltraum beträgt im Mittel 170.000 Jahre.

Die Sonne als Fusionsreaktor
Kernfusion bezeichnet die Verschmelzung leichter zu schwereren Atomkernen. Dabei wird ein Teil der Masse der leichteren Atomkerne in Energie umgewandelt. Der Fusionsprozess nutzt die starken Kernkräfte, die innerhalb eines Atomkerns wirken, aber nur eine extrem kurze Reichweite haben. Dem stehen die auch auf große Entfernungen wirkenden elektromagnetischen Abstoßungs-

kräfte gegenüber. Wenn zwei positiv geladene Atomkerne miteinander verschmelzen sollen, muss zunächst diese Abstoßungskraft überwunden werden. Dazu müssen die Kerne eine ausreichend hohe Relativgeschwindigkeit aufweisen, die gleichbedeutend mit einer hohen Temperatur ist. Um die Wahrscheinlichkeit eines Aufeinandertreffens zu erhöhen, ist auch eine hohe Dichte von Vorteil.

Im Kern der Sonne herrschen mit einer Temperatur von 13 Mio. K und einer Dichte, die etwa dem Hundertfachen von Wasser entspricht, die notwendigen Bedingungen für den als Proton-Proton-Zyklus bezeichneten Fusionsprozess. Dabei verschmelzen Wasserstoffkerne – der Kern des Wasserstoffs besteht lediglich aus einem Proton – zu Heliumkernen (He). Der Fusionsprozess besteht dabei aus mehreren, nacheinander ablaufenden Teilreaktionen, die durch die folgende Summenformel zusammengefasst werden können:

$$4\mathrm{p} + 2\mathrm{e}^- \rightarrow \mathrm{He}^{2+} + 6\gamma + 2\gamma_\mathrm{e} + \Delta E \, .$$

Vier Protonen (p) und zwei Elektronen (e^-) ergeben einen Heliumkern, der aus zwei Protonen und zwei Neutronen besteht. Neben der Energie ΔE werden sechs Photonen (γ) im Gammabereich des Spektrums und zwei Neutrinos (γ_e) freigesetzt.

Der Fusionsprozess in der Sonne arbeitet seit etwa 4,6 Milliarden Jahren. Etwa 30 % des Wasserstoffs im Kern wurde dabei bisher verbraucht.

Die *Photosphäre* der Sonne kann in guter Näherung als schwarzer Körper betrachtet werden. Für schwarze Körper kann das emittierte Strahlungsspektrum durch das *Planck'sche Strahlungsgesetz* beschrieben werden: Die Anzahl der Photonen bzw. die Energie, die bei einer bestimmten Wellenlänge emittiert wird, hängt nur von der Temperatur des schwarzen Körpers und Naturkonstanten ab. Die *Strahlungsintensität*, d. h. die auf die Fläche bezogene Strahlungsleistung, nimmt quadratisch mit der Entfernung von der Sonne ab.

Abb. 2.4 zeigt die außerhalb der Erdatmosphäre messbare sowie die sich bei einem schwarzen Körper der Temperatur 5780 K ergebende

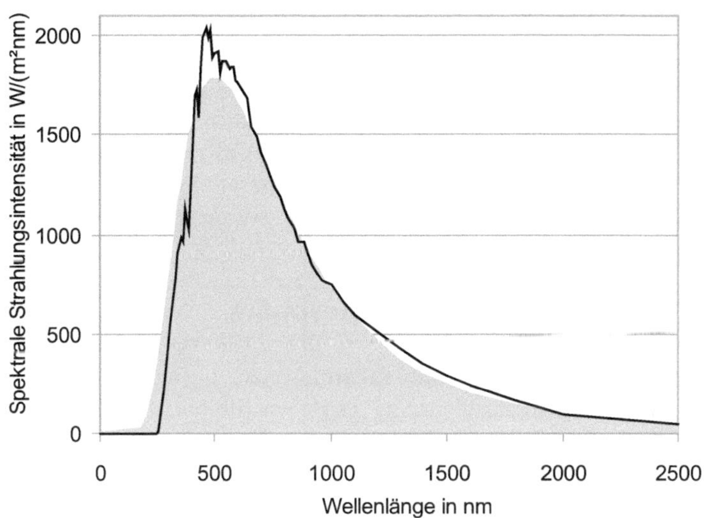

Abb. 2.4 Spektrale Strahlungsintensität der Sonne (*durchgezogene Linie*) und eines schwarzen Strahlers der Temperatur 5780 K (*graue Fläche*)

Strahlungsintensität. Die Temperatur des schwarzen Körpers wurde dabei so gewählt, dass eine Integration über die Wellenlänge die gleiche Strahlungsleistung liefert wie eine Auswertung des gemessenen Spektrums. Das von der Sonne ausgehende Strahlungsspektrum beginnt also bei kleinen Wellenlängen im ultravioletten Bereich, hat ihr Maximum im Bereich des sichtbaren Lichts und läuft im infraroten Wellenlängenbereich aus.

Die gesamte auf die Erdatmosphäre treffende Strahlungsintensität erhält man durch eine Integration bezüglich der Wellenlänge. Diese auch als *Einstrahlung* bezeichnete Größe variiert um bis zu ein halbes Prozent aufgrund der elliptischen Form der Erdbahn um die Sonne und Schwankungen der Oberflächentemperatur der Sonne. Mittelt man die Einstrahlung hinsichtlich dieser Faktoren, so erhält man die *Solarkonstante* E_0, die von der Weltorganisation für Meteorologie (Genf) mit

$$E_0 = 1367 \, \frac{\text{W}}{\text{m}^2}$$

festgelegt wurde. Sie gibt die mittlere Strahlungsleistung je Flächenelement an, die außerhalb der Erdatmosphäre gemessen werden kann. Mit dieser Gleichung lässt sich die gesamte auf die Erde einfallende Strahlungsleistung zu $1{,}74 \cdot 10^{17}$ Watt (W) berechnen. Dies entspricht einer Energie von $1{,}53 \cdot 10^{18}$ Kilowattstunden (kWh) pro Jahr. Im Vergleich dazu lag der weltweite Bedarf an Primärenergie im Jahr 2013 bei etwa $1{,}57 \cdot 10^{14}$ kWh, d. h. bei etwa einem Zehntausendstel.

2.4 Der Einfluss der Erdatmosphäre

Sobald die Photonen auf die Erdatmosphäre treffen, treten verschiedene Arten der Wechselwirkung zwischen Strahlung und Materie auf (Abb. 2.1). Reflexions- und Streuprozesse bewirken, dass aus der gerichteten Einstrahlung beim Durchgang durch die Erdatmosphäre ein gerichteter und ein ungerichteter Anteil entstehen. Der ungerichtete Anteil wird als *Diffusstrahlung*, der gerichtete Anteil als *Direktstrahlung* bezeichnet. Die Summe dieser beiden Anteile ergibt die auf der Erdoberfläche messbare *Globalstrahlung*.

Abb. 2.5 veranschaulicht die Vorgänge in der Erdatmosphäre. Im linken Teil der Grafik ist die von der Sonne ausgehende Strahlungsleistung und ihre Verteilung auf absorbierte, gestreute, reflektierte und transmittierte Anteile im globalen jährlichen Mittel dargestellt. Sie wurde als Bezugsgröße gleich 100 % gesetzt. Demnach erreicht nur knapp die Hälfte der Strahlungsleistung der Sonne als direkte oder diffuse Strahlung die Erdoberfläche. Der diffuse Strahlungsanteil entsteht überwiegend durch unterschiedliche Streuprozesse in der Atmosphäre. 28 % der Strahlungsleistung werden an der Atmosphäre bzw. Erdoberfläche reflektiert und ungerichtet in den Weltraum zurückgestrahlt. Die verbleibenden 25 % werden in der Atmosphäre absorbiert. Dabei sind Wasserdampf und Ozon die nach ihrer Häufigkeit und ihrem Absorptionsvermögen wichtigsten Moleküle.

Bei der Streuung von Sonnenstrahlung in der Atmosphäre unterscheidet man zwei Streumechanismen: *Rayleigh*-Streuung an Molekülen und *Mie*-Streuung an Aerosolen wie Wasserdampf und Staub. Beide Streuungsmechanismen sind in unterschiedlichem Maße abhängig von der Wellenlänge des einfallenden Lichts. Für die Rayleigh-Streuung wird

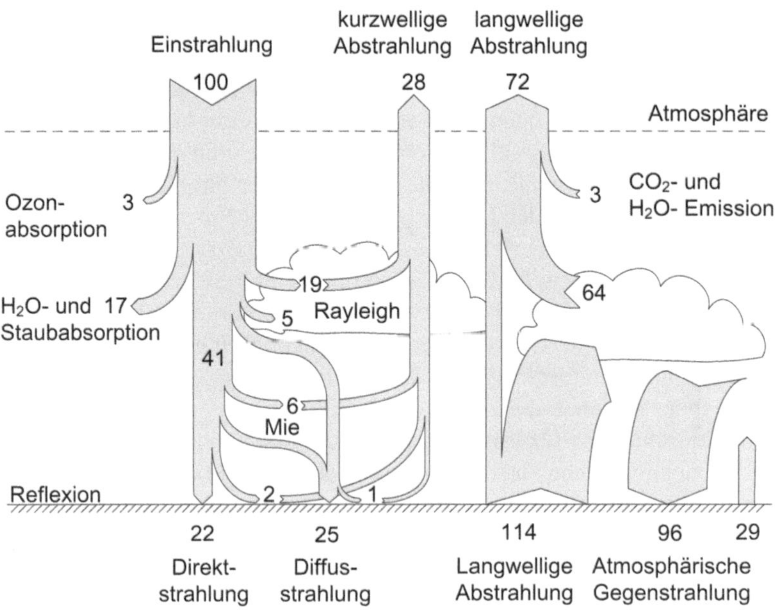

Abb. 2.5 Strahlungsbilanz der Erde

davon ausgegangen, dass die Hälfte der gestreuten Strahlung auf die Erdoberfläche fällt, während die andere Hälfte in den Weltraum abgestrahlt wird. Bei der Mie-Streuung ist der auf die Erde treffende Anteil deutlich größer und abhängig vom Sonnenstand. Bei klarem Himmel ist der Anteil der Mie-Streuung sehr gering und es überwiegt die Rayleigh-Streuung. Aufgrund der Wellenlängenabhängigkeit werden die Spektralanteile kurzer Wellenlänge deutlich stärker gestreut als die langer Wellenlänge, wodurch der Himmelshalbraum „blau" erscheint.

Die Strahlungsbilanz der Erde wird in der rechten Hälfte von Abb. 2.5 durch die Wärmestrahlung im langwelligen Bereich ergänzt. Diese kommt in ihrer Größenordnung dem Umsatz im sichtbaren Spektralbereich gleich. Erdoberfläche und die untere Atmosphärenschichten können mit ihren mittleren Temperaturen von 288 bzw. 254 K als schwarze Strahler modelliert werden. Eine technische Nutzung dieser Strahlungsflüsse ist jedoch aus thermodynamischen Gründen nicht möglich. Zum Ausgleich der Strahlungsbilanz sind noch Wärmeleitungsprozesse zu berücksichtigen, die ganz rechts eingezeichnet sind. Dabei handelt es sich um Nicht-Strahlungsprozesse, wie z. B. den Austausch von Luftmassen zwischen Erdoberfläche und Atmosphäre.

Das gezeigte Flussbild der Sonnenstrahlung durch die Erdatmosphäre gibt lediglich eine prozentuale Aufteilung der Strahlungsleistung im jährlichen Mittel wieder. Für die photovoltaische Nutzung ist jedoch der Einfluss der Wechselwirkungsprozesse auf die spektrale Strahlungsintensität von besonderem Interesse. Absorption und Reflexion werden durch Moleküle in der Atmosphäre hervorgerufen und wirken sich je nach Wellenlänge der beteiligten Photonen unterschiedlich stark aus. Man spricht in diesem Zusammenhang von *Absorptionsbanden*, d. h. Wellenlängenbereichen, in denen die Absorption stattfindet. Beispiele sind das Absorptionsband des Ozons im Bereich des ultravioletten Spektralanteils der Sonnenstrahlung und das Absorptionsband des Kohlendioxids im Bereich langwelliger Wärmestrahlung. Letzteres ist überwiegend für den Treibhauseffekt verantwortlich.

Die Strahlungsintensität nimmt durch die beschriebenen Schwächungsvorgänge exponentiell mit der Weglänge durch die Atmosphäre ab: Je tiefer die Sonne steht, desto länger ist der Weg der Strahlung durch die Atmosphäre. Um diesen Effekt zu beschreiben, benutzt man die *Air-Mass-Zahl* (AM). Die Air-Mass-Zahl stellt ein Maß für die Weglänge

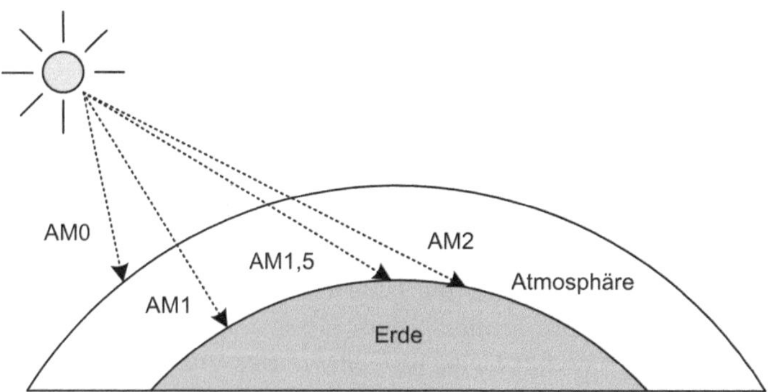

Abb. 2.6 Zum Begriff der Air-Mass-Zahl

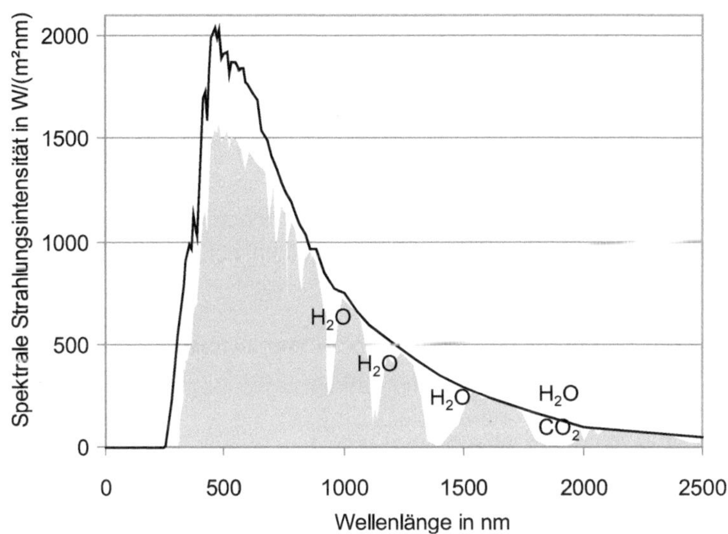

Abb. 2.7 Spektrale Verteilung der Globalstrahlung bei AM0 (*durchgezogene Linie*) und AM1,5 (*graue Fläche*)

der direkten Sonnenstrahlung durch die Erdatmosphäre dar. AM0 gibt die spektrale Strahlungsintensität außerhalb der Erdatmosphäre wieder, AM1 bei senkrechtem Durchgang durch die Erdatmosphäre und AMm bei m-facher Weglänge im Vergleich zum senkrechten Durchgang. Abb. 2.6 veranschaulicht diesen Zusammenhang.

Die durch AM1,5 gekennzeichnete spektrale Verteilung wird häufig als Referenzspektrum z. B. bei Wirkungsgradangaben von Solarzellen herangezogen und ist in Abb. 2.7 dargestellt. So bezeichnet man eine Strahlungsintensität von $1000\,\mathrm{W/m^2}$ bei AM1,5 und einer Zelltemperatur von 25 °C auch als *Standardtestbedingungen* in der Photovoltaik. Man erkennt deutlich die von den Absorptionsbanden hervorgerufenen Lücken im Spektrum sowie die weitgehende Unterdrückung des ultravioletten Strahlungsanteils; ebenfalls eingetragen sind die jeweils verantwortlichen Moleküle. Die durchgezogene Linie gibt zum Vergleich die extraterrestrische Strahlungsintensität (AM0) wieder. Integriert man über die Wellenlänge, so ergibt sich für die AM1,5 verteilte Globalstrahlung eine Strahlungsintensität von etwa $1000\,\text{W/m}^2$.

2.5 Strahlungsangebot auf der Erde

Das konkrete Strahlungsangebot auf der Erdoberfläche hängt neben den beschriebenen Atmosphäreneinflüssen von einer Reihe weiterer Größen ab:

- dem geografischen Ort, beschrieben durch den Breitengrad,
- dem Tag innerhalb des Jahres, beschrieben durch den Deklinationswinkel sowie
- dem Zeitpunkt innerhalb des Tages, beschrieben durch den Stundenwinkel.

Die Position der Sonne am Himmelshalbraum lässt sich mit zwei Winkeln beschreiben: dem Elevationswinkel, der die Sonnenhöhe angibt, und dem Azimutwinkel, der die Auslenkung aus der Südrichtung wiedergibt (vgl. Abb. 2.10b). Für einen Beobachter auf der Erde stellt sich die Sonnenbahn im Tagesverlauf als Kreisbogen um die Erdachse dar. Die relative Lage des Kreisbogens ergibt sich aus der geographischen Breite der Beobachterposition sowie der Deklination, die den Winkel zwischen Sonne und Äquatorebene der Erde beschreibt. Mit Hilfe eines *Sonnenstandsdiagramms* lässt sich der Sonnenstand im Tages- und Jahresverlauf für einen durch seinen Breitengrad bestimmten Ort grafisch darstellen: Abb. 2.8 zeigt den Verlauf für einen Ort bei 51,5° nördlicher Breite – das entspricht der Linie Bochum-Kassel-Nordhausen-Leipzig. An der horizontalen Achse ist der Azimutwinkel, an der vertikalen der Elevationswinkel angetragen. Die repräsentativen Tageskurven wurden hier jeweils für den 21. des Monats berechnet.

Das Sonnenstandsdiagramm kann folgendermaßen gelesen werden: Am 21. März geht die Sonne kurz nach 6:00 Uhr solarer Zeit bei einem Azimutwinkel von etwa −90° und damit genau im Osten auf. Um 9:00 Uhr solarer Zeit hat die Sonne einen Höhenwinkel von etwa 25° bei einem Azimutwinkel von −50° erreicht. Der Sonnenhöchststand beträgt knapp 40°. Die solare Zeit ist auf einen Sonnenhöchststand um

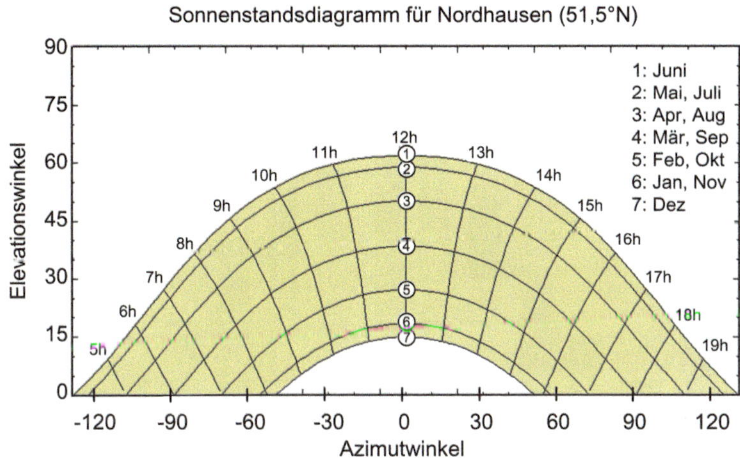

Abb. 2.8 Sonnenstandsdiagramm für 51,5° nördliche Breite. (Grafik: PVsyst)

12:00 Uhr normiert. Sonnenstandsdiagramme lassen sich insbesondere zur Verschattungsanalyse einsetzen. Hindernisse wie Gebäude oder Bäume können in das Diagramm eingetragen werden, nachdem sie vor Ort bezüglich Azimut- und Elevationswinkel vermessen wurden.

Einstrahlungsdaten sind auf der Basis meteorologischer Langzeitmessungen für viele Orte der Welt kartiert und häufig in Form von Wetterdatenbanken verfügbar. Gängige Programme zur Ertragsprognose von Photovoltaikanlagen bedienen sich solcher Datenbanken. Meist werden Einstrahlungsdaten als langjährige monatliche Mittelwerte erfasst. Abb. 2.9 zeigt beispielhaft für Kassel die mittlere tägliche Einstrahlung auf eine horizontale Fläche und ihre Aufteilung in einen direkten und einen diffusen Strahlungsanteil. So fällt an einem durchschnittlichen Oktobertag eine Strahlungsenergie von etwa 1,5 kWh auf einen Quadratmeter. Davon entfallen etwa ein Drittel auf Direkt- und zwei Drittel auf Diffusstrahlung.

Die in Abb. 2.9 gezeigte Aufteilung ist weitgehend typisch für Deutschland: Die mittlere Einstrahlung in den Wintermonaten liegt annähernd eine Größenordnung unter der der Sommermonate und der diffuse Strahlungsanteil überwiegt.

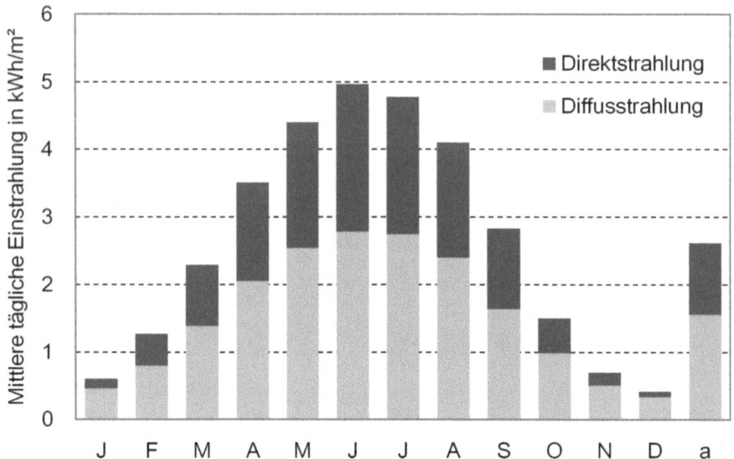

Abb. 2.9 Mittlere monatliche Tagessummen sowie die mittlere jährliche Tagessumme von Direkt- und Diffusstrahlung in Kassel

Um die einfallende Sonnenstrahlung möglichst gut auszunutzen, ergeben sich für die beiden Strahlungsanteile unterschiedliche Anforderungen: um den direkten Strahlungsanteil optimal zu nutzen, müssten die Solarzellen kontinuierlich der Sonne nachgeführt werden. Dem gegenüber wird der diffuse Strahlungsanteil, der annähernd gleichmäßig aus dem gesamten Himmelshalbraum einfällt, durch eine horizontale Ausrichtung der Solarzellen am besten ausgenutzt. In der Regel wird für Solarzellen eine feste Aufständerung gewählt, die um einen Winkel β gegenüber der Horizontalen angestellt und um eine Winkel α aus der Südrichtung herausgedreht ist (Abb. 2.10a).

In Mitteleuropa führen eine Ausrichtung nach Süden und ein Anstellwinkel von etwa 30° zum größtmöglichen Jahresertrag. In Abb. 2.11a ist wiederum am Beispiel Kassel der Einfluss der Ausrichtung auf die Jahressumme der Globalstrahlung grafisch dargestellt. Daraus lassen sich zwei einfache Faustformeln ableiten, die weitgehend für Mitteleuropa Gültigkeit haben: Bei einer Abweichung von der optimalen Ausrichtung der Solaranlage in α-Richtung um $\pm45°$ und in β-Richtung um $\pm15°$ belaufen sich die Mindererträge im jährlichen Mittel auf 5 %. Bei einer

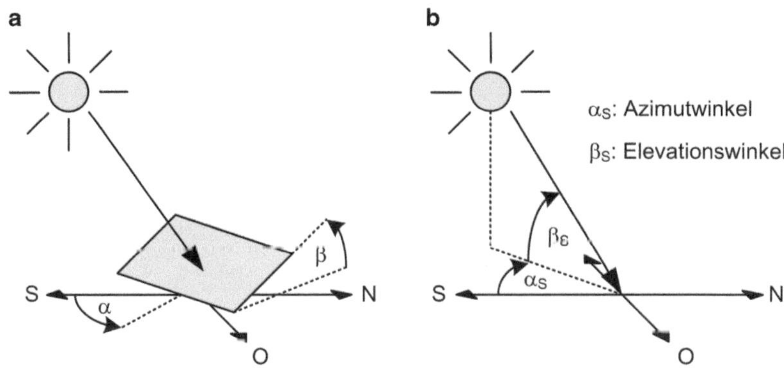

Abb. 2.10 Zur Definition der Winkel

Abweichung in α-Richtung um $\pm 90°$ und in β-Richtung um $\pm 30°$ belaufen sich die Mindererträge im jährlichen Mittel auf 15 %.

Eine etwas differenziertere Betrachtung ist notwendig, wenn die Solaranlage über das gesamte Jahr eine bestimmte Leistung erbringen soll – beispielsweise als photovoltaische Inselanlage. Hier muss sich die Ausrichtung am einstrahlungsärmeren Winterhalbjahr orientieren (vgl. Abb. 2.11b). Eine Ausrichtung nach Süden und ein Anstellwinkel von etwa 50° ergeben für diesen Standort einen auf das Winterhalbjahr optimierten Einstrahlungsertrag.

Mit der Darstellung aus Abb. 2.11 lässt sich bei gegebener Ausrichtung der Photovoltaikanlage auch eine erste Abschätzungen des Energieertrags im jährlichen Mittel vornehmen. Solche Einstrahlungsdiagramme, die die Globalstrahlung auf eine beliebig orientierte Fläche in einer bestimmten Region wiedergeben, werden auch als *Einstrahlungsscheiben* bezeichnet. Beispielsweise in [2] sind Einstrahlungsscheiben für Deutschland, Österreich und die Schweiz enthalten.

Wichtigster Eingangsparameter für Ertragsprognosen ist die Globalstrahlung. Sie tritt jedoch zufällig auf und kann nur näherungsweise vorausgesagt werden. Daher bedient man sich für Ertragsprognosen Globalstrahlungssummen auf Jahres-, Monats-, Tages- oder Stundenbasis. Die Globalstrahlungssummen einzelner Jahre unterscheiden sich um bis zu 15 %. Würden Ertragsprognosen auf Basis der Globalstrahlungssumme

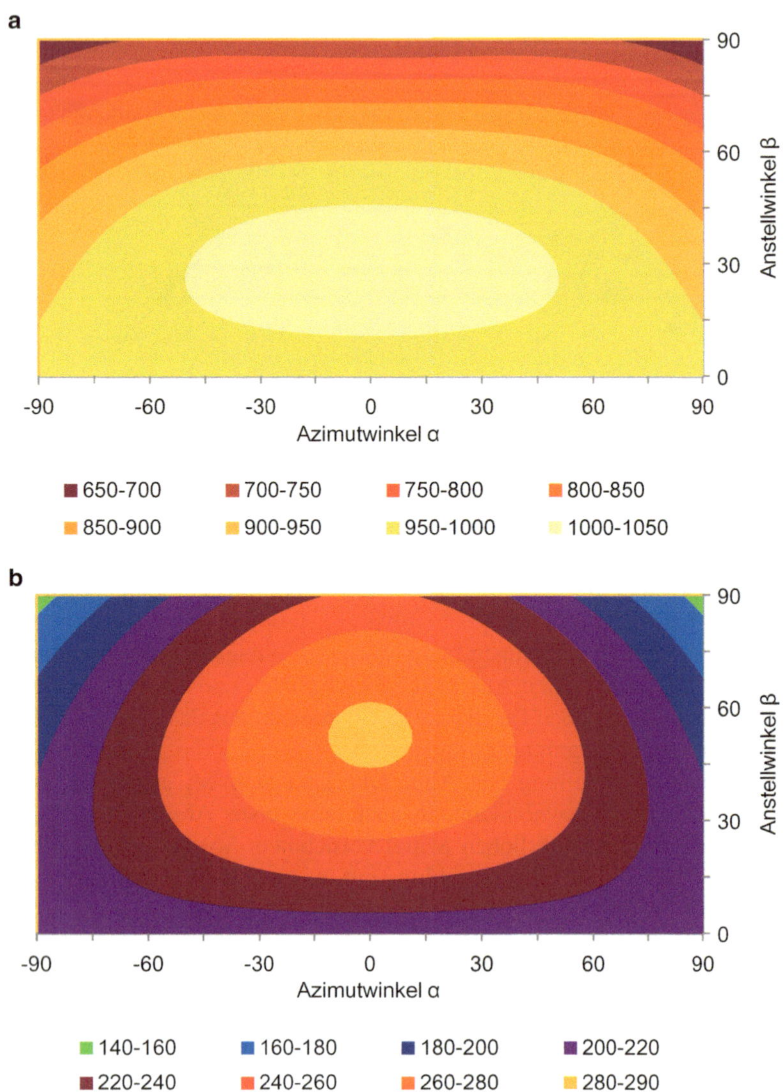

Abb. 2.11 Jahressumme (**a**) und Halbjahressumme (Oktober–März) (**b**) der Global-strahlung für Kassel in kWh/m^2 in Abhängigkeit von den Winkeln α und β der geneigten Fläche

eines bestimmten Jahres erstellt, würde das zu einer starken Über- bzw. Unterschätzung des zu erwarteten Jahresertrags führen. Bildet man aus den Einstrahlungsdaten von mehreren Jahren den Mittelwert, wird die Ungenauigkeit stark reduziert. Durch Mittelwertbildung über 10 Jahre kann die Ungenauigkeit auf unter 5 %, über 20 Jahre auf unter 3 % reduziert werden. Bei diesen Werten spricht man dann vom *langjährigen Mittel* der Globalstrahlung. Die Ungenauigkeit bezieht sich dabei auf den durchschnittlichen Anlagenertrag von 10 bzw. 20 Jahren. Da die Temperatur ebenfalls Einfluss auf den Ertrag einer Photovoltaikanlage hat, liefern die langjährigen Mittelwerte der Globalstrahlung und der Temperatur auf Stundenbasis das genaueste Ergebnis in Ertragsprognosen.

Strahlungsdaten können beispielsweise vom Deutschen Wetterdienst für beliebige Standorte in Deutschland bezogen werden. Eine kostenlose Alternative dazu ist das *Photovoltaic Geographical Information System* (PVGIS) der Europäischen Union [3]. Hier können Strahlungsdaten für beliebige Standorte in Europa und Nordafrika online abgerufen werden. Die Strahlungsdaten können als Monats- oder Tageswerte heruntergeladen werden. Des Weiteren erlaubt dieses Online-Tool eine einfache Ertragsprognose für netzgekoppelte und netzferne Photovoltaikanlagen auf Monatsbasis.

Literatur

1. Schabbach, T.; Wesselak, V.: Energie. Reihe Technik im Fokus. Springer, Heidelberg 2012
2. Deutsche Gesellschaft für Sonnenenergie e. V. (Hg.): Leitfaden Photovoltaische Anlagen. Berlin 2010
3. Europäische Kommission (Hg.): Photovoltaic Geographical Information System (PVGIS), http://re.jrc.ec.europa.eu/pvgis/, Europäische Union 1995–2015

Die Physik der Solarzelle

Zusammenfassung

In Solarzellen erfolgt die Umwandlung von Strahlungsenergie in elektrische Energie. Sie wird durch eine Reihe aufeinander folgender Prozesse bestimmt: Die Absorption der Photonen im Halbleitermaterial, die Erzeugung von Elektron-Loch-Paaren und die Trennung der Ladungsträger im elektrischen Feld eines p-n-Übergangs. Nach einer kurzen Einführung in die Halbleitertheorie und die Grundlagen von Generation und Rekombination wird zunächst das Modell einer idealen Solarzelle als p-n-Übergang aufgestellt. Daraus lassen sich dann die Einschränkungen bei realen Elementen ableiten.

3.1 Was ist ein Halbleiter?

Halbleiter sind kristalline oder amorphe *Festkörper*, deren elektrische Leitfähigkeit in der Nähe des absoluten Nullpunktes der Temperatur verschwindet und mit zunehmender Temperatur stark ansteigt. Ihre Leitfähigkeit bei Umgebungstemperatur liegt zwischen der von Metallen und Isolatoren.

Die physikalischen Eigenschaften von *Halbleitern* und insbesondere ihr Leitungsmechanismus werden im Folgenden anhand von kristallinen Halbleitern und dabei vor allem am Beispiel des gebräuchlichsten

© Springer-Verlag Berlin Heidelberg 2016

V. Wesselak und S. Voswinckel, *Photovoltaik – Wie Sonne zu Strom wird*,
Technik im Fokus, DOI 10.1007/978-3-662-48906-2_3

Halbleitergrundstoffes Silizium dargestellt. Derzeit basieren 90 % der weltweiten Photovoltaikproduktion auf Solarzellen aus kristallinem Silizium.

Festkörper
Als Festkörper bezeichnet man Stoffe, deren Aggregatzustand bei Umgebungstemperatur fest ist. Sie sind aus Atomen oder Molekülen aufgebaut. Ihre Anordnung wird durch die zwischen den einzelnen Bausteinen herrschenden Bindungskräfte bestimmt und weist eine hohe Beständigkeit auf.

Man unterscheidet kristalline und amorphe Festkörper: *Kristalline* Festkörper zeichnen sich durch eine strenge Periodizität in der Anordnung aus. So bestehen monokristalline Halbleiter aus einem einzigen Kristall mit gleichmäßigem Aufbau des Atomgitters. Bei polykristallinen Materialien liegen einzelne Körner vor, bei denen aber innerhalb der Korngrenzen ein periodischer Gitteraufbau vorhanden ist. Im Gegensatz dazu besitzen *amorphe* Festkörper keine Periodizität oder Regularität in der Anordnung der einzelnen Bausteine.

Silizium ist in der vierten Hauptgruppe des Periodensystems angeordnet und besitzt vier Außen- oder Valenzelektronen. In einem Siliziumkristall bildet jedes Atom mit vier anderen Atomen jeweils eine Elektronenpaarbindung über seine Valenzelektronen aus (siehe Abb. 3.1). Der Gitterabstand eines Atoms zu seinen vier Bindungspartnern ist jeweils gleich und es ergibt sich eine räumliche Struktur, die als Diamantgitter bezeichnet wird.

Um eine elektrische Leitfähigkeit aufzuweisen, müssen freie Ladungsträger vorliegen, d. h. Ladungsträger, die nicht mehr an einen bestimmten Atomkern gebunden sind. Dazu müssen Valenzbindungen aufgebrochen und *Elektronen* als Ladungsträger freigesetzt werden. Die dazu notwendige Energie wird durch thermische Anregung oder die Wechselwirkung mit einem Strahlungsquant aufgebracht. Dabei bleiben aufgebrochene Valenzbindungen zurück, die sich wie positive Ladungen verhalten. Sie werden als Defektelektronen oder *Löcher* bezeichnet

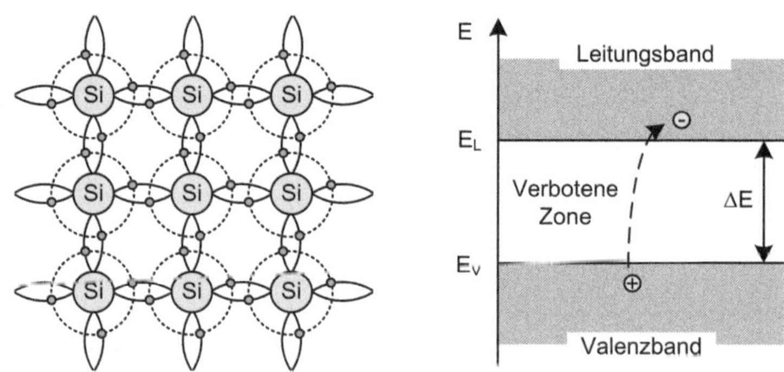

Abb. 3.1 Gitterstruktur und Bändermodell von reinem Silizium

und können sich durch die Aufnahme von benachbarten, gebundenen Elektronen ebenfalls bewegen. In einem angelegten elektrischen Feld wandern somit zum einen freie Elektronen als negative Ladungsträger und zum anderen Löcher als positive Ladungsträger und tragen zur Leitfähigkeit bei. Dieser Vorgang wird als *Eigenleitung* bezeichnet.

Bewegt sich ein Ladungsträger im Kristallgitter, so stößt er dabei in kurzer Folge mit Gitteratomen, anderen Ladungsträgern oder Störstellen zusammen. Störstellen sind beispielweise Verunreinigungen des Kristalls mit Fremdatomen oder Fehler im Gitteraufbau. Diese Kollisionen begrenzen die Beweglichkeit der Ladungsträger, d. h. die kinetische Energie, die der Ladungsträger aus einem äußeren elektrischen Feld aufnehmen kann. Die Beweglichkeit verringert sich daher mit ansteigender Temperatur aufgrund der zunehmenden Gitterschwingungen im Kristall und bei erhöhter Störstellendichte.

Die Zahl der pro Zeit und Volumeneinheit erzeugten Elektron-Loch-Paare heißt *Generationsrate.* Dem steht eine Anzahl von Rekombinationsprozessen gegenüber, bei denen freie Ladungsträger wieder in die Kristallstruktur eingebunden werden, beispielsweise indem Elektronen in Löcher zurückfallen und zu einer Valenzbindung beitragen. Im thermischen Gleichgewicht sind Generationsrate und Rekombinationsrate gleich groß.

Untersucht man die Energiezustände, die Elektronen im kristallinen Festkörper annehmen können, so stellt man fest, dass sich die ursprünglich diskreten Energieniveaus des Einzelatoms innerhalb eines Kristallgitters in Energiebänder aufspalten. Ein Valenzelektron ist somit nicht nur auf die konkreten Energiezustände des Einzelatoms festgelegt, sondern kann einen breiten Bereich zulässiger Energieniveaus annehmen. Zwischen den Energiebändern, die den einzelnen Elektronenorbitalen zugeordnet sind, liegen mehr oder weniger breite *verbotene Zonen*, d. h. Bereiche, deren Energiezustände von den Elektronen nicht angenommen werden können. Bei der Untersuchung von Leitungsmechanismen ist insbesondere das *Valenzband* als das letzte Energieband mit nichtleitenden Eigenschaften und das energetisch darüber liegende *Leitungsband* von Interesse. Bei Halbleitern liegt zwischen diesen beiden Bändern eine solche verbotene Zone, wie in Abb. 3.1b skizziert ist.

Die Kanten von Valenz- und Leitungsband werden durch die Energien E_V und E_L charakterisiert. Der Betrag ihrer Differenz ergibt den *Bandabstand* ΔE, d. h. die Breite der verbotenen Zone. Für Halbleiter liegt der Bandabstand typischerweise in einem Bereich von 0,2 bis 2 eV; für reines Silizium beträgt ΔE 1,12 eV. *Elektronvolt* (eV) ist eine Energieeinheit, die insbesondere in der Atomphysik zur Beschreibung kleiner Energiemengen herangezogen wird. Ein Elektronvolt entspricht der kinetischen Energie, die ein Elektron beim Durchlaufen einer Potentialdifferenz von 1 V aufnimmt.

Mit diesem Bändermodell der Halbleiter lassen sich auch die unterschiedlichen Eigenschaften von Metallen und Isolatoren erklären: Bei Metallen überlappen sich Valenz- und Leitungsband, so dass Elektronen ohne äußere Energiezufuhr vom Valenz- in das Leitungsband übergehen können. Bei Isolatoren ist der Bandabstand – d. h. die verbotene Zone – zwischen Valenz- und Leitungsband so groß, dass ihn thermisch angeregte Elektronen bei Raumtemperatur nicht überwinden können.

Fügt man reinen Halbleiterkristallen, wie hier dem vierwertigen Silizium, gezielt Verunreinigungen zu, so verändern sich seine elektrischen Eigenschaften. Bei dem als *Dotierung* bezeichneten Vorgang werden Fremdatome als Störstellen in das Siliziumkristallgitter eingebaut. Auf die Technologie der dazu angewandten Verfahren wird in Abschn. 4.1 näher eingegangen.

Bei der Zugabe von Elementen der 5. Hauptgruppe (z. B. Phosphor) wird das 5. Außenelektron dieser Atome für eine stabile Bindung nicht benötigt. Durch geringe Energiezufuhr kann das Elektron abgespalten werden und steht dem Ladungstransport zur Verfügung. Ein so dotierter Halbleiter wird als *n-Halbleiter* bezeichnet, da der Leitungsvorgang überwiegend durch negative Ladungsträger hervorgerufen wird. Hingegen kommt bei einer Dotierung mit Elementen der 3. Hauptgruppe (z. B. Bor) eine vierte Elektronenpaarbindung nicht zustande und das daraus resultierende Loch kann ein Elektron aufnehmen. Ein so dotierter Halbleiter wird als *p-Halbleiter* bezeichnet, da der Leitungsvorgang überwiegend durch positive Ladungsträger hervorgerufen wird. Die Dotierungsatome werden durch die Abgabe (n-Halbleiter) oder Aufnahme (p-Halbleiter) eines Elektrons ionisiert und verbleiben als fest im Kristallgitter eingebaute Ladungen. Sie tragen somit nicht zur Leitfähigkeit bei. Der Leitungsmechanismus im dotierten Halbleiter wird zur Abgrenzung von der Eigenleitung als *Störstellenleitung* bezeichnet.

In Abb. 3.2 ist die Gitterstruktur und das Bändermodell von n-leitendem (oben) und p-leitendem (unten) Silizium skizziert. Die für die Valenzbindung nicht benötigten Ladungsträger der Dotierungsatome weisen Energieniveaus in der verbotenen Zone auf (E_D und E_A). Um die Ladungsträger in das Leitungsband zu heben, muss demnach eine Ionisierungsenergie aufgebracht werden, die deutlich geringer ist als die für das Aufbrechen einer Valenzbindung nötige Energie. Durch die thermische Anregung bei Raumtemperatur sind praktisch alle Störstellen ionisiert. Mit der Konzentration der Dotierungsatome lässt sich also die Ladungsträgerdichte im Halbleiter einstellen.

Neben den aus einem Element bestehenden Halbleitergrundmaterialien wie Silizium oder Germanium gibt es auch eine Reihe von Halbleitermaterialien, die aus zwei Elementen bestehen. In solchen *Verbindungshalbleitern* bildet sich ein dem Diamantgitter ähnlicher Kristallaufbau aus, an dem in der Regel beide Elemente zu gleichen Anteilen beteiligt sind. Man unterscheidet nach der Hauptgruppe, aus der die beteiligten Elemente kommen, III-V-Halbleiter (wie GaAs oder InP), II-VI-Halbleiter (wie CdTe oder CdSe). Auch Verbindungshalbleiter aus drei oder mehr Elementen werden in der Photovoltaik eingesetzt, so z. B. die I-III-VI-Halbleiter $CuInSe_2$ (CIS) und $CuInGaSe_2$ (CIGS).

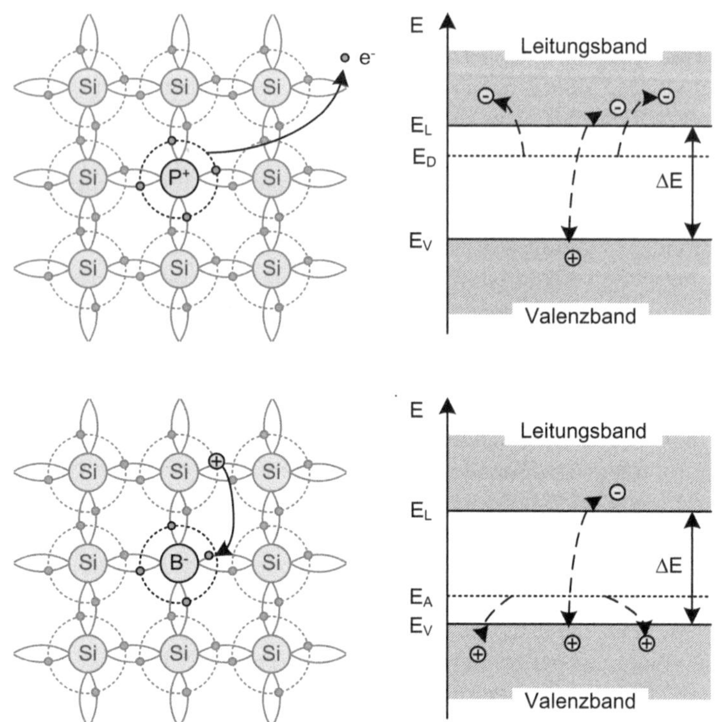

Abb. 3.2 Gitterstruktur und Bändermodell von n- und p-leitendem Silizium

3.2   Der Photoeffekt im Halbleiter

Ein Festkörper ist ein System von schwingungsfähigen Gitterteilchen. Die Energie der Gitterschwingungen ist gequantelt, und ähnlich wie bei elektromagnetischen Wellen kann diesen Energiequanten ein Teilchencharakter zugeschrieben werden. Ein solches Teilchen wird als *Phonon* bezeichnet. Eine Anregung der Schwingungszustände der Gitteratome, beispielsweise durch die Zufuhr von thermischer Energie, kann somit als Phononenerzeugung aufgefasst werden. Mit dieser Modellvorstellung lassen sich die Generationsprozesse von freien Ladungsträgern im

Halbleiter als Stoßvorgänge auffassen, die mit Hilfe des Energie- und Impulserhaltungssatzes beschrieben werden können. Die zuvor behandelte Entstehung von freien Ladungsträgern aufgrund von thermischer Anregung kann somit auf Elektron-Phonon-Stöße zurückgeführt werden.

Für die photovoltaische Nutzung von Halbleitern ist jedoch vor allem die optische Anregung durch *Photonen* von Interesse. Die Energie und der Impuls eines Photons werden bei einem Stoßvorgang an das erzeugte Elektron-Loch-Paar vollständig übertragen. Photonen haben im Vergleich zu Phononen eine hohe Energie, jedoch nur einen geringen Impuls. Die Absorption von Photonen im Halbleiter weist eine mehr oder weniger scharfe Absorptionskante im Bereich des Bandabstandes auf. Je nach Dicke des Materials wird das energiereiche kurzwellige Licht nahezu vollständig absorbiert, während für das energieärmere langwellige Licht der Halbleiter praktisch transparent ist.

Absorptionskante von Silizium
Silizium hat einen Bandabstand von 1,124 eV. Dies bedeutet, dass ein Photon mindestens diese Energie haben muss, um ein Elektron, das sich am oberen Ende des Valenzbandes befindet, auf die untere Kante des Leitungsbandes zu heben. Daraus lässt sich die Grenzwellenlänge λ_g für das einfallende Licht berechnen:

$$\lambda_\mathrm{g} = \frac{hc}{\Delta E} \approx 1100\,\mathrm{nm}\,.$$

Vergleicht man diesen Wert mit dem Spektrum des einfallenden Sonnenlichts nach Abb. 2.7, so können nur Photonen links einer gedachten Linie bei 1100 Nanometer (nm) ein Elektron-Loch-Paar erzeugen.

Im Halbleiter treten neben der Erzeugung von genau einem Elektron-Loch-Paar auch noch andere Absorptionsmechanismen auf. So ist es möglich, dass ein Photon seine Energie an ein Elektron im Leitungsband abgibt und es auf ein höheres Energieniveau in diesem Band hebt. Außerdem ist für Photonen, deren Energie einem Mehrfachen des Bandabstandes entspricht, die Generation von mehreren Ladungsträgern denkbar. Diese Prozesse spielen jedoch bei der spektralen Verteilung der Photonen gemäß des Sonnenspektrums nur eine untergeordnete Rolle.

Der optischen Anregung von Ladungsträgern wirken unterschiedliche Rekombinationsprozesse entgegen. In Silizium dominiert die *Auger-Rekombination*, bei der die beim Zustandekommen einer Valenzbindung frei werdende Energie an einen Ladungsträger im Leitungs- oder Valenzband übertragen wird. Dieser gibt die zusätzliche Energie in der Folge durch zahlreiche Stöße mit dem Gitter, d. h. unter Phononenemission, wieder ab und kehrt in seinen energetischen Ausgangszustand zurück. Die *strahlende Rekombination* kann als Umkehrung der Ladungsträgergeneration durch optische Anregung angesehen werden: Beim Zurückfallen aus dem Leitungs- in das Valenzband wird ein Photon emittiert. Dieser Effekt wird bei Leuchtdioden verwendet, die häufig auf Gallium-Verbindungen basieren. Für Silizium spielt die strahlende Rekombination nur eine untergeordnete Rolle und findet überwiegend im nichtsichtbaren Spektralbereich statt.

Wie schon im Zusammenhang mit der Dotierung von Halbleitern gezeigt, können Verunreinigungen zu erlaubten Energieniveaus innerhalb der Bandlücke zwischen Valenz- und Leitungsband führen. Gleiches gilt auch für Fehler im Kristallgitter und die Kristalloberflächen. Dies sind die Ursachen der *Störstellen-* und *Oberflächen-Rekombination*, bei der in einem ersten Schritt ein freier Ladungsträger von einem nicht besetzten Energieniveau einer Störstelle eingefangen wird und in einem zweiten Schritt dann mit einem anderen freien Ladungsträger rekombiniert.

Die Rekombinationsprozesse begrenzen die Lebensdauer der generierten Ladungsträger. Zusammen mit der Ladungsträgerbeweglichkeit lässt sich die mittlere Weglänge berechnen, die ein Ladungsträger im Halbleitermaterial zurücklegen kann, bevor er rekombiniert. Diese als *Diffusionslänge* bezeichnete Entfernung wird im Zusammenhang mit dem Design von Solarzellen noch eine Rolle spielen.

Kurz zusammengefasst: Generations- und Rekombinationsprozesse, d. h. die Erzeugung und Vernichtung freier Ladungsträger, treten gleichzeitig im Halbleiter auf. Während die Generationsrate von der Amplitude der thermischen bzw. optischen Anregung bestimmt wird, ist die Rekombinationsrate proportional zur Anzahl der Ladungsträger.

3.3 Die Solarzelle als p-n-Übergang

Die meisten produzierten Solarzellen werden als p-n-Übergänge in kristallinem Silizium ausgeführt. Ein p-n-Übergang entsteht, wenn in einem Kristall eine p-dotierte Schicht an eine n-dotierte stößt. In Abb. 3.3 ist ein solcher p-n-Halbleiter skizziert. Die Zeichnung ist nicht maßstabsgerecht: Bei kristallinen Solarzellen sind Materialdicken von 180 bis 250 µm üblich; davon nimmt die n-dotierte Schicht nur etwa 1,5 µm ein.

Um die elektrischen Vorgänge innerhalb einer Solarzelle zu verstehen, soll zunächst der unbeleuchtete Halbleiter betrachtet werden. In der Umgebung der Dotierungsgrenze zwischen n- und p-Gebiet kommt es aufgrund von Ausgleichsvorgängen zu einer Verarmung an Ladungsträgern: Der räumliche Konzentrationsunterschied führt zu Diffusionsströmen von Elektronen aus dem n- in das p-Gebiet und von Löchern aus dem p- in das n-Gebiet. Zurück bleiben die fest in das Kristallgitter eingebauten, ionisierten Dotierungsatome. Sie bilden eine *Raumladungszone* aus, die im n-Gebiet positiv und im p-Gebiet negativ geladen ist. Das aus den Raumladungen resultierende elektrische Feld wirkt einer weiteren Abwanderung von Ladungsträgern entgegen. Im Gleichgewichtszustand werden die Diffusionsströme durch einen entgegengesetzten Feldstrom aufgehoben.

Wird nun der Halbleiter beleuchtet, so werden durch die Absorption von Photonen zusätzliche Ladungsträger generiert. Die innerhalb der

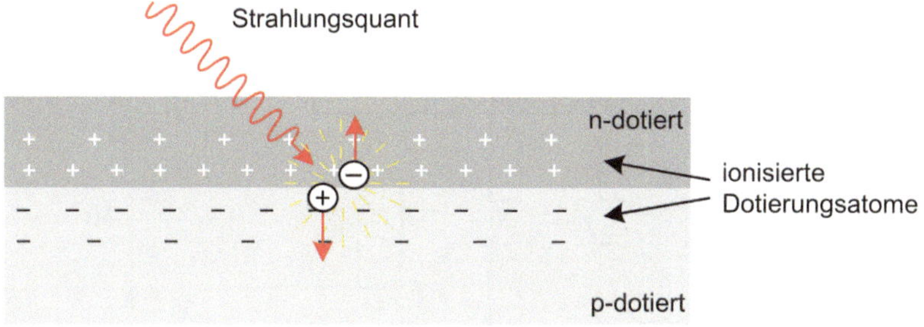

Abb. 3.3 Schematischer Aufbau einer Solarzelle mit p-n-Übergang und Kontaktierung

Raumladungszone oder im Abstand von einer Diffusionslänge erzeugten Elektron-Loch-Paare werden durch das elektrische Feld getrennt. Die Elektronen werden in Richtung des n-Gebiets und die Löcher in Richtung des p-Gebiets beschleunigt. Rekombinationsprozesse und Diffusionsvorgänge wirken dem entgegen, so dass nur ein Teil der Ladungsträger bis an die Oberflächen des Halbleiters gelangt und dort eine Spannung aufbaut. Verbindet man die beiden Oberflächen mittels geeigneter Kontaktierungen leitend, so stellt sich ein Stromfluss ein.

3.4   Modell einer realen Solarzelle

Die elektrischen Eigenschaften einer Solarzelle lassen sich in einem elektrischen Ersatzschaltbild (Abb. 3.4) zusammenfassen. Die Rekombinations- und Diffusionsprozesse, denen die optisch generierten Ladungsträger ausgesetzt sind, werden jeweils durch eine Diode abgebildet. Weiterhin müssen bei realen Solarzellen Verluste berücksichtigt werden. Man fasst diese Verluste in je einem konzentrierten Serien- und Parallelwiderstand zusammen. Der *Serienwiderstand* R_S setzt sich aus den einzelnen Teilwiderständen zusammen, die sich entlang des Weges der Ladungsträger addieren. Dies sind der Widerstand des Halbleitermaterials selbst, die Widerstände der Metallkontaktierung auf der Vorder- und Rückseite der Solarzelle, sowie die Kontaktwiderstände zwischen Halbleitermaterial und Metallkontakten. Der *Parallelwiderstand* R_P wird durch Leckströme verursacht, die an lokalen Kurzschlüssen des

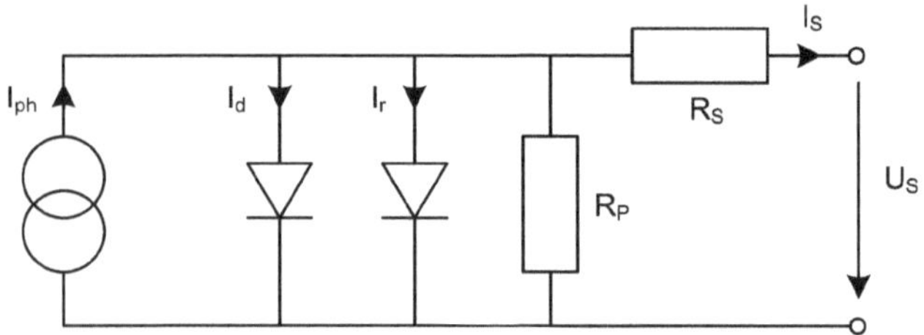

Abb. 3.4   Elektrisches Ersatzschaltbild einer Solarzelle

p-n-Übergangs fließen. Für monokristallines Halbleitermaterial kann er in der Regel vernachlässigt werden.

Solarzellen können als Stromquellen beschrieben werden. Der *Photostrom* I_{ph} beschreibt die durch optische Anregung generierten Ladungsträger und ist in guter Näherung proportional zur Einstrahlung. Der Rekombinationsstrom I_{r} und der Diffusionsstrom I_{d} vermindern den Photostrom um die Ladungsträger, die auf Grund von Rekombination oder Diffusion nicht an die Oberfläche der Solarzelle gelangen. Der im Zusammenhang mit den Gitterschwingungen beschriebene Einfluss der Temperatur wirkt sich insbesondere hier aus.

Das elektrische Verhalten der Solarzelle an ihren Anschlussklemmen wird durch Kennlinienfelder beschrieben. In diesen ist die *Strom-Spannungs-Kennlinie* der Solarzelle in ihrer Abhängigkeit einerseits von der Einstrahlung und andererseits von der Zelltemperatur dargestellt. Eine Strom-Spannungs-Kennlinie stellt alle möglichen Wertepaare von Strom und Spannung dar, die bei einer bestimmte Einstrahlung und Temperatur an den Klemmen der Solarzelle gemessen werden können.

Die in Abb. 3.5 aufgetragenen Kennlinien wurden für eine monokristalline Standardsolarzelle der Fläche $100\,\mathrm{cm}^2$ bei einer spektralen Verteilung der Einstrahlung gemäß dem AM1,5-Spektrum (vgl. Abb. 2.7) ermittelt. Man erkennt, dass der Kurzschlussstrom einer Solarzelle – d. h. der Strom, der sich ohne elektrischen Verbraucher einstellt – näherungsweise proportional zur Einstrahlung ist. Bei einer Einstrahlung von $1000\,\mathrm{W/m}^2$ beträgt er etwa 3 Ampere (A). Die Leerlaufspannung – d. h. die Spannung, die sich an den offenen Klemmen einstellt – wird nur geringfügig durch die Einstrahlung beeinflusst. Demgegenüber wirkt sich eine Veränderung der Temperatur der Solarzelle fast ausschließlich auf die Spannung aus. Diese beträgt bei einer Temperatur von $25\,°\mathrm{C}$ etwa 0,6 Volt (V).

Die elektrische Leistung als Produkt von Strom und Spannung der Zelle weist ein eindeutiges Maximum auf, das abgeleitet aus dem Englischen als *MPP* (**M**aximum **P**ower **P**oint) bezeichnet wird. In Abb. 3.5 ist der MPP durch einen Kreis markiert. Daraus folgt, dass es zu jedem Einstrahlungs- und Temperaturwert genau einen optimalen Betriebspunkt gibt, in dem die Solarzelle die maximale elektrische Leistung bereitstellt und in dem sie nach Möglichkeit zu betreiben ist.

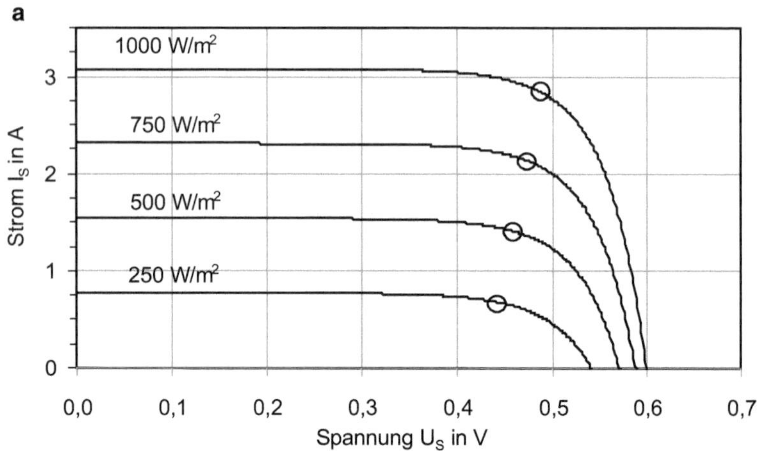

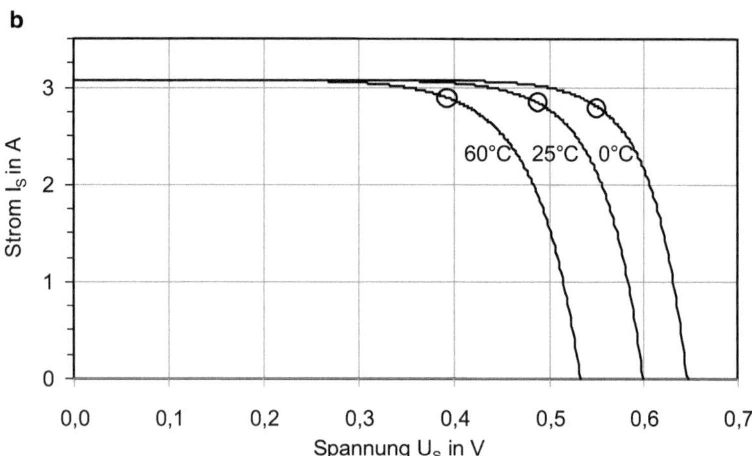

Abb. 3.5 Kennlinien einer Standardsolarzelle für unterschiedliche Einstrahlungen (**a**) und Temperaturen (**b**)

3.5 Der Wirkungsgrad und seine physikalischen Grenzen

Handelsübliche Photovoltaikmodule bestehen derzeit aus Solarzellen, die im polykristallinen Fall bis zu 19 % und im monokristallinen Fall bis zu 22 % Wirkungsgrad aufweisen. Ein Wirkungsgrad von 20 % verweist zunächst auf die fehlenden 80 %. Wie „gut" sind also die derzeit erreichten Wirkungsgrade von Solarzellen? Um dies bewerten zu können, sollen zunächst theoretische obere Grenzwerte für die Energieumwandlung mittels Solarzellen ermittelt werden. Ein solches Vorgehen ist in der Energietechnik weit verbreitet, erlaubt es doch eine Abschätzung, welches Potential hinsichtlich des Wirkungsgrades durch technische Verbesserungen noch erschlossen werden kann.

In Abschn. 3.2 wurden bereits einige Eigenschaften des photoelektrischen Effekts benannt, die sich negativ auf den Wirkungsgrad von Solarzellen auswirken: Photonen mit einer Energie kleiner als der Bandabstand können keine Elektron-Loch-Paar erzeugen. Photonen mit einer Energie größer als der Bandabstand erzeugen in der Regel genau ein Elektron-Loch-Paar; die überschüssige Energie wird als Wärme an das Kristallgitter des Halbleiters abgegeben.

Für eine ideale Solarzelle können nun obere theoretische Grenzen abgeleitet werden (vgl. [2]). Dazu wird angenommen, dass jedes Photon mit einer Energie größer als der Bandabstand genau ein Elektron-Loch-Paar generiert und Verluste durch Reflexion, Abschattung oder innere elektrische Widerstände vernachlässigt werden können. Die Ergebnisse dieser Berechnung sind in Abb. 3.6 in Abhängigkeit des Bandabstands dargestellt: Für einen kleinen Bandabstand ist der Wirkungsgrad klein, da die genutzte Energie eines Photons klein ist. Für einen großen Bandabstand ist der Wirkungsgrad ebenfalls klein, da nur wenige Photonen diese Energie mit sich führen. Dazwischen liegt ein relativ breites Maximum. Der theoretisch maximal erreichbare Wirkungsgrad wird demnach bei einem Bandabstand von 1,1 eV erreicht und liegt bei knapp 33 %.

Als Einstrahlung wurde ein AM1,5-Spektrum bei einer Zelltemperatur von 25 °C angesetzt. Dadurch werden die theoretischen Ergebnisse vergleichbar mit unter Standardtestbedingungen gemessenen Wirkungsgraden. In Abb. 3.6 wurden zusätzlich zu der theoretischen Grenze die bisher im Labormaßstab erreichten Spitzenwirkungsgrade unterschiedli-

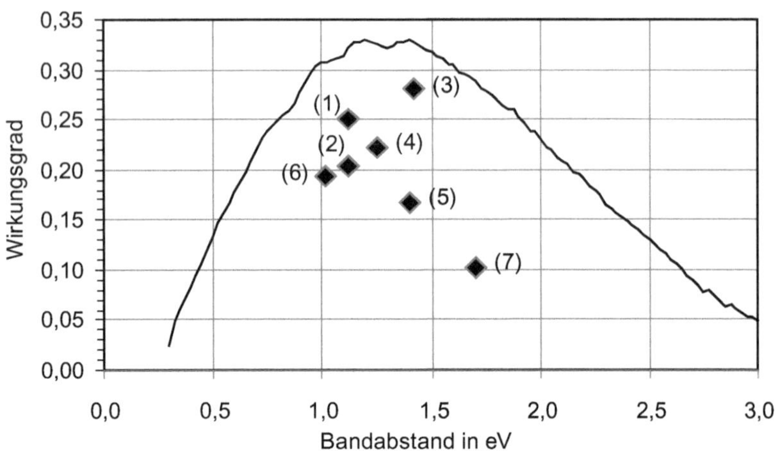

Abb. 3.6 Theoretischer oberer Wirkungsgrad einer Solarzelle in Abhängigkeit des Bandabstandes ΔE bei Standardtestbedingungen

cher Halbleitermaterialien eingezeichnet. Weitere Einzelheiten zu diesen Zellen können Tab. 3.1 entnommen werden.

Eine Erhöhung des Wirkungsgrads kann durch eine Kaskadenanordnung von Solarzellen erreicht werden. Dabei sind mehrere Solarzellen unterschiedlichen Bandabstands übereinander angeordnet. Der einfallenden Strahlung zugewandt ist die Zelle mit dem größten Bandabstand,

Tab. 3.1 Erreichte Wirkungsgrade einfacher Solarzellen bei Standardtestbedingungen. (Green et al. [3])

Solarzelle	Wirkungsgrad (%)	Bandabstand (eV)
(1) mono-Si	25,6	1,12
(2) poly-Si	20,8	1,12
(3) GaAs	28,8	1,42
(4) InP	22,1	1,25
(5) CdTe	21,0	1,40
(6) CIGS	21,0	1,02
(7) amorphes Si	10,2	1,70

gefolgt von den weiteren Zellen in der Reihenfolge des abfallenden Bandabstands. Durch diese Anordnung können die transmittierten Photonen geringer Energie von den folgenden Zellen genutzt werden. Solche *Multijunction-Solarzellen* werden mit zwei oder mehr p-n-Übergängen bereits produziert und haben im Labormaßstab beeindruckende Wirkungsgrade erreicht: Bei einer $1\,cm^2$ großen Solarzelle mit 5 p-n-Übergängen wurde 2014 ein Wirkungsgrad von 38,8 % gemessen [3].

Zurück zu der eingangs gestellten Frage: Wie „gut" sind also heutige Solarzellen? Der Abstand der im Handel befindlichen Solarzellen von den im Labormaßstab erreichten Wirkungsgraden liegt im einstelligen Prozentpunktebereich. Gleiches gilt für den Abstand der Laborwirkungsgrade von den theoretischen Grenzen. Die jeweils erreichten Wirkungsgrade sind also kaum mehr steigerungsfähig. Künftige Solarzellen werden sich nicht durch große Wirkungsgradsteigerungen auszeichnen, sondern vor allem durch geringere Herstellungskosten.

Literatur

1. Schabbach, T.; Wesselak, V.: Energie. Reihe Technik im Fokus. Springer, Heidelberg 2012
2. Wesselak, V.; Schabbach, T.: Regenerative Energietechnik. Springer, Heidelberg 2009
3. Green, M.; Emery, K.; Hishikawa, Y.; Warta, W.; Dunlop, E.: Solar cell efficiency tables (version 46). Progress in Photovoltics 23 S. 805–812, 2015

Zusammenfassung

Solarzellen lassen sich mit unterschiedlichen Technologien herstellen. Man unterscheidet anhand des Kristall- und Zellaufbaus kristalline Solarzellen – an ihnen wurde das Funktionsprinzip der Solarzelle in Kap. 3 erläutert – und Dünnschichtzellen. Der Photovoltaik-Markt wird derzeit von kristallinen Solarzellen dominiert, die gut 90 % der Weltproduktion ausmachen. Neue Technologien wie organische Solarzellen oder kristalline Solarzellen mit mehreren Bandabständen befinden sich in unterschiedlichen Stadien der Entwicklung und sind von einer Markteinführung noch unterschiedlich weit entfernt.

4.1 Kristalline Solarzellen

Kristalline Solarzellen teilt man nach dem verwendeten Halbleitermaterial in mono- und polykristalline Solarzellen ein. Die optischen Unterschiede zwischen den beiden Materialien fallen unmittelbar ins Auge: Während die monokristalline Zelle eine homogene Struktur aufweist, sind bei der polykristallinen Zelle die Korngrenzen deutlich zu erkennen. Bei den beiden in Abb. 4.1 dargestellten polykristallinen Zellen sind die vorderseitigen Kontaktierungen als dünne waagrechte Linien zu erkennen. Diese *Kontaktfinger* leiten die Elektronen aus der Solarzelle ab.

© Springer-Verlag Berlin Heidelberg 2016

V. Wesselak und S. Voswinckel, *Photovoltaik – Wie Sonne zu Strom wird*,

Technik im Fokus, DOI 10.1007/978-3-662-48906-2_4

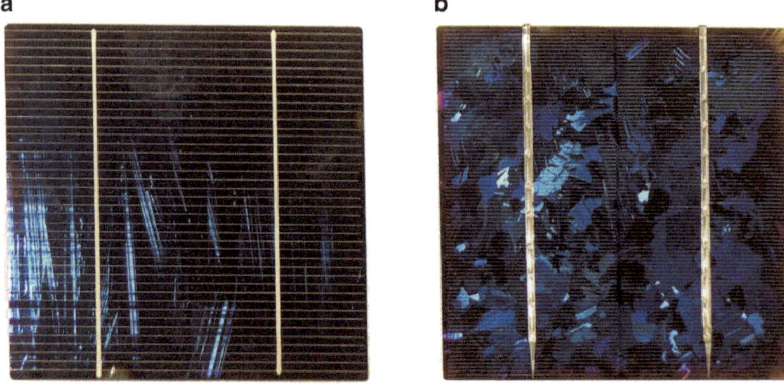

Abb. 4.1 Polykristalline Silizium-Solarzellen, hergestellt mittels EFG-Verfahren (**a**) bzw. Blockgießen (**b**). (Foto: Leibbrandt/Steinert)

Senkrecht dazu verlaufen bei der rechten Zelle zwei Aluminiumstreifen, die einerseits die Funktion von Sammelkontakten erfüllen und andererseits zur Kontaktierung benachbarter Zellen dienen.

Das Herstellungsverfahren mono- und polykristalliner Solarzellen unterscheidet sich im Wesentlichen nur im Kristallisationsprozess. Abb. 4.2 gibt einen Überblick über die zur Herstellung notwendigen Verfahrensschritte. Der Ausgangspunkt ist Siliziumdioxid SiO_2, das als Quarzsand praktisch unbegrenzt vorkommt: ein gutes Viertel der Erdkruste besteht aus Silizium.

① Elementares Silizium wird durch Reduktion des Quarzsandes mittels Kohlenstoff gewonnen.

$$SiO_2 + 2C \rightarrow Si + 2CO$$

Der Reduktionsprozess erfolgt großtechnisch in Lichtbogenöfen bei Temperaturen zwischen 1900 und 2100 °C. Das Ausgangsprodukt hat einen Reinheitsgrad von über 98 % und wird als Rohsilizium oder *metallurgisches Silizium* bezeichnet, da es als Zuschlagsstoff in der Metallherstellung eingesetzt wird.

② Als Grundstoff zur Herstellung von kristallinen Silizium-Solarzellen wird *solarreines* polykristallines Silizium verwendet. Es entsteht über

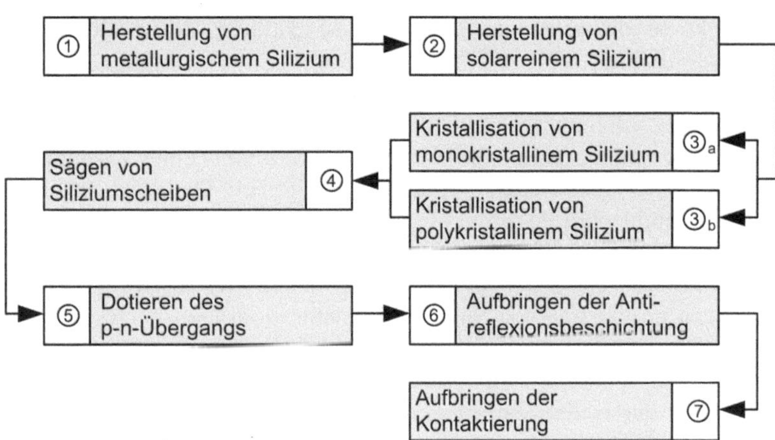

Abb. 4.2 Prozesskette zur Herstellung kristalliner Silizium-Solarzellen

einen Reinigungsprozess aus metallurgischem Silizium. Am weitesten verbreitet ist der *Silanprozess*, bei dem zunächst feingemahlenes Silizium durch Versetzen mit Chlorwasserstoff in gasförmiges Trichlorsilan überführt wird.

$$Si + 3HCl \rightarrow SiHCl_3 + H_2$$

Der Siedepunkt von Trichlorsilan liegt bei 31,8 °C, so dass es sich durch Destillation leicht reinigen lässt. Das gereinigte Trichlorsilan wird anschließend in einem Reaktor bei etwa 1100 °C reduziert und als polykristallines Silizium abgeschieden.

$$4SiHCl_3 + 2H_2 \rightarrow 3Si + SiCl_4 + 8HCl$$

Solarreines Silizium weist einen Reinheitsgrad von 99,999 % auf. Der für die Halbleiterfertigung notwendige hohe Reinheitsgrad des *halbleiterreinen* Siliziums – mit einer nochmals um mehrere Größenordnungen verringerten Restverunreinigung – ist für die Solarzellenproduktion nicht notwendig. Bis in die 1990er-Jahre waren jedoch auf Grund der vergleichsweise geringen Nachfrage eigenständige Prozesslinien für solarreines Silizium selten, so dass für Solarzellen auf das teurere halbleiterreine Silizium zurückgegriffen werden musste. Inzwischen beträgt die

Produktion von solarreinem Silizium ein Mehrfaches der von halbleiterreinem Silizium.

③$_a$ Zur Herstellung von monokristallinem Silizium wird zerkleinertes solarreines Silizium nach einem Reinigungsätzen eingeschmolzen. Bei einer Prozesstemperatur von 1450 °C werden mittels eines Kristallisationskeims aus der Schmelze Einkristalle mit einem Durchmesser bis zu 300 mm und einer Länge von bis zu 2 m gezogen (vgl. Abb. 4.3). Dieses Verfahren wird als Tiegelziehen oder als Czochralski-Verfahren bezeichnet. Eine andere Möglichkeit stellt das Zonenziehverfahren dar, bei dem an einen polykristallinen Stab ein Kristallisationskeim angeschmolzen wird. Das Silizium wird nun mittels Induktion lokal aufgeschmolzen. Ausgehend von dem Kristallisationskeim wird nun eine Zone flüssigen Siliziums durch den Stab hindurchbewegt. Bei beiden Verfahren baut sich das Silizium beim Abkühlen in einkristalliner Form an den Kristallisationskeim an.

③$_b$ Zur Herstellung von polykristallinen Blöcken wird das Ausgangsmaterial aufgeschmolzen und in Blockform gegossen. Durch einen geregelten Temperaturverlauf wird beim Abkühlen eine gerichtete Kristallisation sichergestellt. Es entsteht eine grobkörnige Struktur mit senkrecht zur Oberfläche angeordneten Korngrenzen. Eine Alternative stellt das heute nicht mehr eingesetzte *EFG-Verfahren* (edge-defined film-fed growth) dar, bei dem aus einer Siliziumschmelze achteckige polykristalline Röhren gezogen werden, deren Seitenlänge bereits der Zellbreite entspricht. Hier vereinfachte sich der Sägeprozess, da die Oktaeder nur an den Kanten aufgetrennt werden mussten.

Die monokristallinen Stäbe bzw. polykristallinen Blöcke werden häufig als *Ingot* bezeichnet und sind der Ausgangspunkt für die weiteren Produktionsschritte. ④ Nach dem Zurechtsägen in Blöcke mit der gewünschten quadratischen Grundfläche werden diese in *Wafer*, d. h. Scheiben mit einer Dicke von 180 bis 350 µm, zerteilt. Als Sägeverfahren hat sich die Drahttrenntechnik auf Grund der vergleichsweise geringen Sägeverluste von etwa 35 % durchgesetzt. Bei der Drahttrenntechnik läuft ein dünner Draht mehrfach um vier Führungsrollen (vgl. Abb. 4.4), so dass mit einem Draht eine Vielzahl an parallelen Schnitten vorgenommen werden kann. Der Draht wird einer Vorratsrolle entnommen (Drahtspule 1) und nach dem Durchlauf auf einer weiteren Rolle wieder aufgewickelt (Drahtspule 2). Als Schneidmaterial werden kleine Partikel aus Silizium-

Abb. 4.3 Nach dem Czochralski-Verfahren hergestellter einkristalliner Siliziumstab (Foto: Bosch Solar Energy AG)

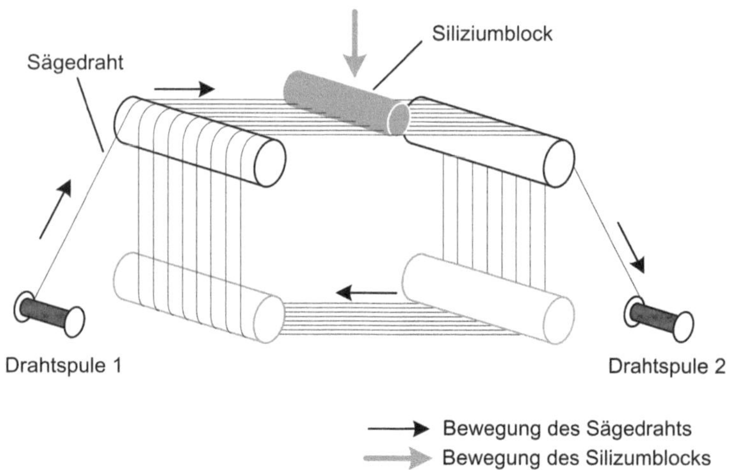

Abb. 4.4 Prinzip der Drahttrenntechnik zur Herstellung von Silizium-Wafern

carbid (SiC) mittels eines Sägeöls (Slurry) auf den Draht aufgetragen. Anschließend erfolgt eine Reinigung der Oberflächen von Sägeresten und Verunreinigungen.

⑤ Dem Silizium wird bei dem Kristallisationsvorgang bereits Bor für die gewünschte p-Dotierung zugesetzt. Für die Herstellung eines p-n-Übergangs wird nun eine Seite der Siliziumscheibe beispielsweise einer Phosphoratmosphäre ausgesetzt. Eine Temperatur zwischen 800 und 1200 °C begünstigt ein Eindiffundieren der Fremdatome in das Silizium. Die n-leitende Schicht erhält eine Dicke von 0,2 bis 1,5 μm.

⑥ Schließlich wird noch eine Antireflexionsbeschichtung aus Siliziumnitrid, Siliziumdioxid oder Titandioxid aufgebracht. Dazu wird ein geeignetes Gasgemisch in einen Reaktor geleitet, in dem sich die Siliziumscheiben befinden. Der aufzubringende Stoff bildet sich im Reaktionsraum und scheidet sich auf der Solarzelle ab. Die Antireflexionsbeschichtung verleiht den Solarzellen ihre dunkelblaue bis annähernd schwarze Farbe, wie in Abb. 4.5 zu sehen ist.

⑦ Die Aufbringung der Kontaktierung von Vorder- und Rückseite der Siliziumscheibe erfolgt durch Siebdruck. Der Rückkontakt wird flächig ausgeführt, während der Vorderkontakt aus vielen schmalen Kon-

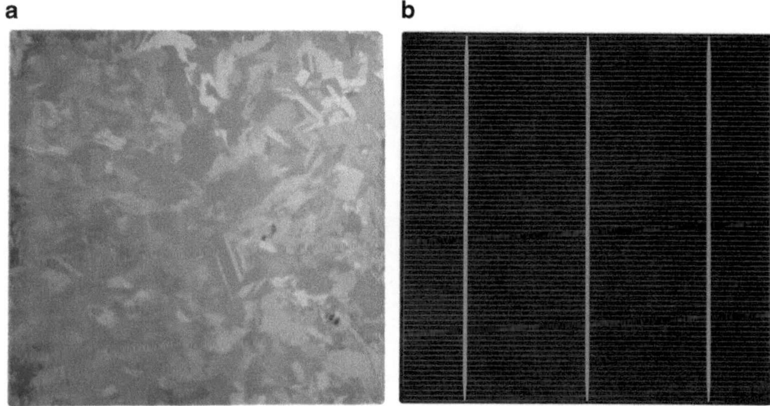

Abb. 4.5 Solarzelle ohne (**a**) und mit (**b**) Antireflexionsbeschichtung (Foto: Leibbrandt/Steinert)

taktfingern besteht, die zu Sammelkontakten führen. Die Vorderseiten-Kontaktierung soll einerseits möglichst wenig Zellfläche abdecken und andererseits einen möglichst geringen ohmschen Widerstand aufweisen.

Die Zellgröße wird bei monokristallinen Zellen durch den erreichbaren Durchmesser des Ingots bestimmt. Ferner begrenzt die Bruchgefahr insbesondere während des Sägeprozesses Größe und Dicke kristalliner Zellen. Typisch sind $15{,}6 \times 15{,}6\,\text{cm}^2$ große Zellen mit einem Kurzschlussstrom von 5 bis 8 A.

Die einzelnen Schritte zur Herstellung kristalliner Solarzellen sind unterschiedlich energie- und damit kostenintensiv (Abb. 4.6). Hinzu kommen die Kosten der Modulherstellung, die mit gut einem Drittel zu den Gesamtkosten beitragen.

Die meisten Unternehmen der Photovoltaik-Branche bilden nur einen Teil der hier beschriebenen Prozessschritte ab. Nur wenige vollintegrierte Unternehmen führen die gesamte Prozesskette aus. Man unterscheidet Hersteller von solarreinem Silizium, Waferhersteller, Zellhersteller und Modulhersteller. In den vergangenen Jahren haben insbesondere chinesische Unternehmen in allen vier Bereichen massiv Produktionskapazitäten aufgebaut und große Teile des Weltmarkts gewonnen.

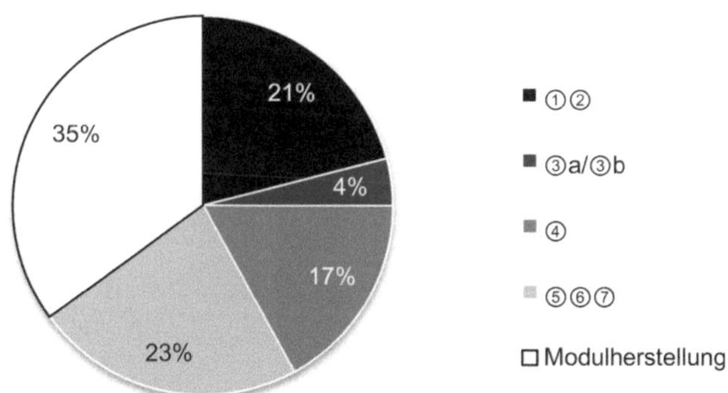

Abb. 4.6 Kostenstruktur in der kristallinen Photovoltaik, gegliedert nach den Prozessschritten aus Abb. 4.2. (Verlinden et al. [1])

4.2 Dünnschichtsolarzellen

Dünnschicht-Solarzellen stellen eine Alternative zu den in Abschn. 4.1 beschriebenen waferbasierten Solarzellen dar. Sie unterscheiden sich in der Schichtdicke des eingesetzten Halbleitermaterials sowie in den Herstellungsverfahren. Dünnschicht-Solarzellen bestehen aus einem Trägermaterial, auf das eine wenige Mikrometer dicke Halbleiterschicht aufgetragen wird. Als Halbleitermaterial kommen vor allem Cadmiumtellurit (CdTe), Kupfer (Indium/Gallium) (Selen/Schwefel) Verbindungen (CIS/CIGS) sowie mikrokristallines (µSi) und amorphes Silizium (aSi) zum Einsatz. Als Trägermaterial werden Glas, Metall- oder Kunststofffolien verwendet. Man unterscheidet dabei *Substrat-* und *Superstrat-*Aufbau, je nachdem ob die Zelle beginnend mit der Rückseiten- oder der Vorderseitenkontaktierung aufgebracht wird.

In Abb. 4.7 sind die notwendigen Verfahrensschritte für die Herstellung von CIS-Solarzellen im Substrat-Aufbau dargestellt. Als Trägermaterial wird in der Regel Fensterglas eingesetzt, da es einerseits kostengünstig und gut verfügbar ist, andererseits den während des Herstellungsprozesses auftretenden Temperaturen ohne Formveränderung widersteht.

① Auf die Glasfläche wird zunächst der Rückkontakt aus Molybdän aufgesputtert. *Sputtern* ist ein Vakuumprozess, bei dem aus einem Fest-

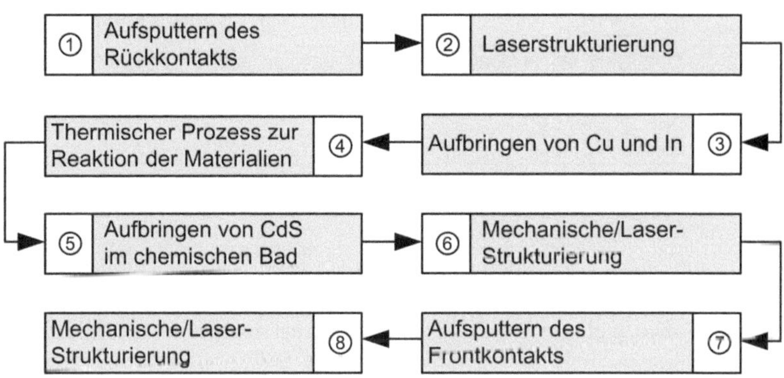

Abb. 4.7 Prozesskette zur Herstellung von CIS-Zellen

körper (hier: Molybdän) durch Ionenbeschuss Atome herausgelöst werden und in die Gasphase übergehen. Bringt man ein Substrat (hier: Glas) in den Prozess mit ein, so schlagen sich Atome aus der Gasphase auf dem Substrat nieder und bilden eine Schicht aus. ② Anschließend wird eine *Laserstrukturierung* des Rückkontakts vorgenommen, die den späteren Zellen entspricht. Dabei werden mittels eines Lasers dünne Kanäle in dem zuvor aufgebrachten Material erzeugt.

Die Bildung des Halbleitermaterials kann über eine Reihe unterschiedlicher Prozesse erfolgen. ③ So werden beispielsweise in einem ersten Schritt zunächst die Ausgangselemente Kupfer und Indium aufgesputtert. ④ In einem zweiten Schritt wird das Substrat bei einer Temperatur von etwa 500 °C einer Selen-Atmosphäre ausgesetzt. Kupfer und Indium gehen zunächst Verbindungen mit Selen ein, um dann zu Kupferindiumdiselenid zu reagieren.

$$2\,\mathrm{InSe} + \mathrm{Cu_2Se} + \mathrm{Se} \rightarrow 2\,\mathrm{CuInSe_2}$$

⑤ Anschließend wird über ein chemisches Bad eine Cadmiumsulfid-Schicht aufgetragen. Kupferindiumdiselenid stellt die p-leitende und Cadmiumsulfid die n-leitende Schicht der Solarzelle dar. ⑥ Nach einer weiteren Strukturierung wird der Frontkontakt aufgetragen. ⑦ Zinkoxid weist bei gleichzeitiger optischer Transparenz eine gute elektrische

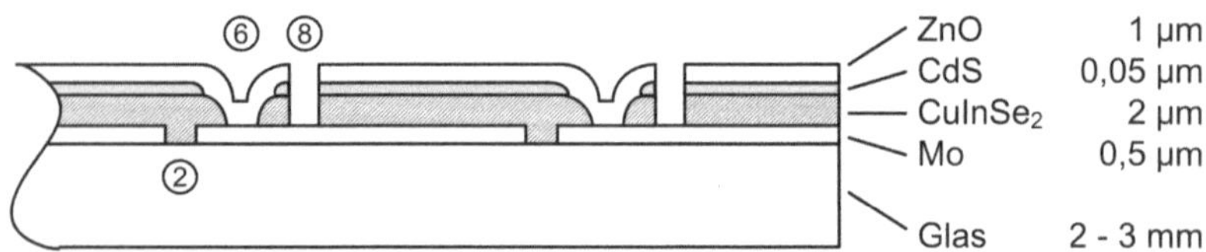

Abb. 4.8 Schematischer Querschnitt durch ein CIS-Modul

Leitfähigkeit auf, so dass der Frontkontakt flächig aufgetragen werden kann. ⑧ Ein weiterer mechanischer Strukturierungsschritt schließt den Herstellungsprozess ab. Die Strukturierungen dienen zur Trennung und anschließenden Verschaltung der einzelnen Zellen. Abb. 4.8 zeigt einen schematischen Querschnitt durch das so entstandene Solarmodul.

Der Vorteil von Dünnschicht-Solarzellen liegt in dem deutlich geringeren Materialeinsatz für das Halbleitersubstrat. Die Schichtdicke ist um den Faktor 100 geringer als bei kristallinen Solarzellen, hinzu kommt das Fehlen von Sägeverlusten. Der Wirkungsgrad von industriell gefertigten Dünnschichtphotovoltaikmodulen reicht bisher nicht an den kristalliner Photovoltaikmodule heran. Mit Blick auf den Wirkungsgrad ist die CIS-Technologie der aussichtsreichste Kandidat, die Wirkungsgradlücke zur kristallinen Photovoltaik zu schließen. Der Laborwirkungsgrad von CIS-Dünnschichtsolarzellen liegt derzeit (2015) mit 21 % über dem von polykristallinen Si-Solarzellen.

Aus wirtschaftlicher Sicht sind Dünnschichtphotovoltaikmodule aus CdTe derzeit besonders erfolgreich. Diese Technologie war als erstes in der Lage die Produktionskosten unter 1 US-Dollar/W_p zu senken. Der Laborwirkungsgrad beträgt hier ebenfalls 21 %. Großes Potential wird Solarzellen aus mineralischen Kristallen mit Perowskitstruktur zugeschrieben. Diese Technologie ist noch nicht über das Entwicklungsstadium hinaus. Zwar sind enorme Wirkungsgradsteigerungen in den letzten Jahren erzielt worden, jedoch beträgt die Lebensdauer nur wenige Monate (vgl. Abschn. 4.3.4).

Energierücklaufzeiten
Die energieintensiven Prozesse bei der Herstellung von Solarzellen haben immer wieder zu der These geführt, dass Solarzellen die zu ihrer Herstellung notwendige Energie nicht zurückerstatten können. In Tab. 4.1 sind die *kumulierten Energieaufwendungen* für auf unterschiedlichen Zelltechnologien basierende Photovoltaikanlagen zusammengestellt. Sie umfassen jeweils die nach dem aktuellen Stand der Technik für die Herstellung, den Betrieb und die Entsorgung benötigte Primärenergie. Um die Zelltechnologien miteinander vergleichen zu können, wird der kumulierte Energieaufwand auf die Nennleistung der Photovoltaikanlage bezogen.

Tab. 4.1 Kumulierter Primärenergieaufwand für Photovoltaikanlagen unterschiedlicher Zelltechnologien. (Nach Wild-Scholten [2])

	kWh/kW_p
Si mono-/polykristallin	7500
Si-Dünnschicht	5500–6000
CIS/CIGS	6000–6500
CdTe-Dünnschicht	3500

Aus dem Energieaufwand kann mittels des spezifischen Energieertrags die Energierücklaufzeit (d. h. die energetische Amortisationszeit) berechnet werden. Der spezifische jährliche Energieertrag ist ebenfalls auf die Nennleistung bezogen und beträgt für eine in Deutschland stehende, optimal ausgerichtete Anlage ungefähr $950\,kWh/kW_p$. Dabei gibt es zwei unterschiedliche Ansätze: Bei der *Wirkungsgradmethode* wird die erzeugte elektrische Energie direkt mit dem Primärenergieaufwand ins Verhältnis gesetzt. Damit ergibt sich für kristalline Solarzellen eine Energierücklaufzeit von 95 Monaten. Bei der *Substitutionsmethode* wird angenommen, dass eine regenerativ erzeugte Energieeinheit eine fossile Energieeinheit und den mit ihr verbundenen Primärenergieaufwand ersetzt. Daher wird die regenerativ erzeugte Energieeinheit mit einem durchschnittlichen Kraftwerkswirkungsgrad von 34 % ins

Verhältnis gesetzt. Mit dieser Berechnungsmethode ergeben sich also um den Faktor 3 kürzere Energierücklaufzeiten – im gewählten Beispiel nur 32 Monate.

4.3 Die Zukunft der Solarzelle

Die Produktion von Solarzellen unterliegt kontinuierlichen Verbesserungen, die alle Schritte des Herstellungsprozesses betreffen. So nähert sich die Reinheit des eingesetzten solarreinen Siliziums immer stärker der des halbleiterreinen Siliziums an. Maßnahmen zur Qualitätssicherung haben die Bruchquoten von Wafern und Zellen verringert. Wirkungsgradverluste in der n-dotierten Schicht konnten durch Veränderungen in der lokalen Konzentration von Dotierungsatomen minimiert werden. Derzeit zielen Überlegungen zur Verlegung beider Kontaktierungen auf die Rückseite der Zelle auf eine Erhöhung der aktiven Fläche der Solarzellen und damit ihres Wirkungsgrads ab. Viele dieser Verbesserungen waren erst auf der Basis industrieller Produktionsmethoden möglich. So erfolgt die Fertigung von Solarzellen heute in Fabriken mit einer Produktionskapazität von mehreren Hundert Megawatt pro Jahr.

Die industrielle Produktion von Solarzellen hat mit einer beeindruckenden Lernkurve (vgl. Abb. 1.2) zu massiven Kostensenkungen insbesondere bei kristallinen Solarzellen geführt. Dadurch sind eine Reihe alternativer technologischer Ansätze etwas in den Hintergrund getreten. So verfolgen Multijunction- und Konzentrator-Zellen das Ziel, die einfallende Sonnenstrahlung besser auszunutzen. Demgegenüber setzen organische Solarzellen auf deutlich kostengünstigere Zellmaterialien.

4.3.1 Multijunction-Zellen

Die Überlegungen aus Abschn. 3.5 haben gezeigt, dass die Eigenschaft von Solarzellen, nur Photonen mit einer Energie größer als der Bandabstand nutzen zu können, den Wirkungsgrad deutlich beschränkt. *Multijunction-Zellen* bestehen aus übereinanderliegenden Halbleiterschichten, in denen mehrere p-n-Übergänge mit unterschiedlichem Bandabstand realisiert sind. Multijunction-Zellen werden aufgrund ihres Aufbaus auch als Stapelsolarzellen bezeichnet. Für Zellen mit zwei bzw. drei p-n-Übergängen haben sich auch die Begriffe *Tandem-* bzw. *Tripelsolarzellen* eingebürgert.

Multijunction-Zellen werden i. d. R. als Dünnschichtzellen auf einem gemeinsamen Trägermaterial aufgebaut. Der oberste p-n-Übergang besitzt den größten Bandabstand und nutzt dadurch die energiereichsten Photonen. Es folgen weitere p-n-Übergänge in der Reihenfolge ihres Bandabstands. Als obere Zellen werden häufig Verbindungshalbleiter aus Gallium eingesetzt. Als untere Zelle kommt aufgrund seines geringen Bandabstands Germanium in Frage.

Daneben existieren Tandemzellen aus amorphem und mikrokristallinem Silizium. Mikrokristallines Silizium ist eine Mischphase aus sehr kleinen Kristallkörnern und amorphem Silizium. Der Bandabstand von amorphem Silizium liegt dabei bei etwa 1,7 eV, der von mikrokristallinem Silizium in der Nähe von 1,12 eV.

Aufgrund der aufwändigen Produktionsprozesse werden Multijunction-Zellen derzeit nur in kleinen Stückzahlen produziert und beispielsweise in der Raumfahrt eingesetzt. Eine Ausnahme stellt die letztgenannte Technologie einer siliziumbasierten Tandemsolarzelle dar, die Eingang in die industrielle Produktion gefunden hat.

4.3.2   Konzentrierende Solarzellen

Solarzellen stellen den kostenintensivsten Bestandteil einer Photovoltaikanlage dar. Um diese besser auszunutzen, werden unterschiedliche Konzepte zur Konzentration von Sonnenlicht verfolgt. Das Ziel ist dabei, mit einer möglichst einfachen (und damit kostengünstigen) optischen Vorrichtung mehr Sonnenstrahlung auf die Zellen zu lenken.

Man unterscheidet Systeme mit geringem und hohem Konzentrationsfaktor. Ein Beispiel für erstere ist der V-Trog. Bei dieser Anordnung werden auf beiden Seiten eines Photovoltaikmoduls sich V-förmig öffnende Spiegelflächen angebracht. Mit V-Trögen lassen sich Konzentrationsfaktoren von 2 bis 4 erreichen. Mithilfe optischer Linsen lässt sich Sonnenlicht deutlich stärker konzentrieren. Aufgrund ihrer geringen

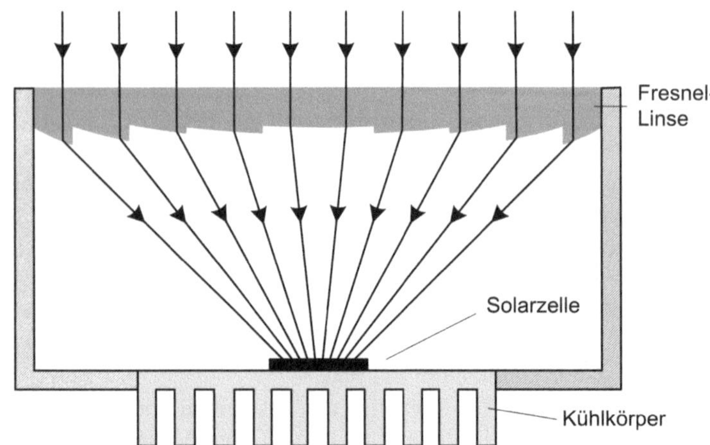

Abb. 4.9 Kombination einer Solarzelle mit einer Fresnel-Linse

Bauhöhe werden häufig *Fresnel-Linsen* eingesetzt. Abb. 4.9 zeigt den Strahlengang in einer solchen Anordnung. Aufgrund der hohen Konzentration – Konzentrationsfaktoren von bis zu 500 sind derzeit verfügbar – muss die Solarzelle mittels eines Kühlkörpers gekühlt werden.

Alle Konzentratorsysteme haben den Nachteil, dass sie nur den direkten Strahlungsanteil bündeln können. Weiterhin muss die optische Achse der Anordnung auf die Sonne ausgerichtet sein, wodurch eine mechanische Nachführung erforderlich wird. Der sich daraus ergebende Aufwand lässt sich derzeit auch bei besonders hochwertigen Solarzellen – wie beispielsweise Tripelsolarzellen – kaum darstellen. So wurden drei Quadratmillimeter große GaInP/GaInAs/Ge-Zellen in Kombination mit einer Fresnellinse bis Anfang der 2010er-Jahre kommerziell vertrieben. Das System kam auf einen Wirkungsgrad von 29 % bei einem Konzentrationsfaktor von knapp 500.

4.3.3 Organische Solarzellen

Im Gegensatz zu den bisher betrachteten Zellen basieren organische Solarzellen auf halbleitenden Kohlenstoffverbindungen, d. h. auf Stoffen, die der organischen Chemie zugerechnet werden. Die eingesetzten Moleküle weisen bereits bei extrem kleinen Schichtdicken gute Absorptionseigenschaften für Licht auf.

Organische Solarzellen sind aus zwei unterschiedlichen Molekülen aufgebaut, die als Elektronendonator bzw. als Elektronakzeptor arbeiten. Durch die Absorption eines Photons wird der Elektronendonator in einen Zustand höher Energie gebracht, in dem ein auf dem Molekül lokalisiertes Elektron-Loch-Paar erzeugt wird. Um die Ladungsträger zu trennen, muss dem Elektron durch ein benachbartes Molekül ein niedrigeres freies Energieniveau angeboten werden. Dieses Molekül übernimmt das Elektron und wird damit zum Elektronenakzeptor. Der Ladungsträgertransport erfolgt durch ein thermisch aktiviertes Weiterreichen von einem Molekül zum nächsten. Als Elektronendonator haben sich leitfähige Polymere, als Elektronenakzeptor symmetrische Kohlenstoffmoleküle bewährt.

Aufgrund der geringen Beweglichkeit der Ladungsträger werden organische Solarzellen häufig als Einschichtzellen aufgebaut, d. h. Elektronendonator und -akzeptor liegen in einer Mischschicht vor. Der Zellaufbau wird durch zwei flächige Elektroden ergänzt, wobei die Vorderseite wie bei Dünnschichtzellen lichtdurchlässig sein muss.

Dank der verwendeten Materialien weisen organische Solarzellen eine Reihe von Vorteilen auf: Durch die geringen Schichtdicken sowie die Verarbeitung mittels Niedertemperaturverfahren ist bei der Herstellung nur ein vergleichsweise niedriger Energieeinsatz notwendig. Die Zellschichten können auch auf flexible Trägermaterialien aufgebracht werden und erschließen damit neue Anwendungsfelder für Solarzellen, beispielsweise auf Textilien. Nachteilig sind die derzeit noch geringe Lebensdauer der Zellmaterialien von etwa 3 Jahren sowie der vergleichsweise niedrige Wirkungsgrad. Organische Solarzellen erreichen in ersten kommerziellen Produktionslinien einen Wirkungsgrad von etwa 3 %. Im Labor konnten schon Spitzenwirkungsgrade von gut 11,5 % gemessen werden. Trotz dieser Nachteile wird organischen Solarzellen ein großes technisches Potential eingeräumt. Sie gelten – nach den waferbasierten Zellen und den Dünnschichtzellen – zusammen mit den Farbstoffsolarzellen als die Solarzellen der dritten Generation.

4.3.4 Farbstoff-Solarzellen

Ein teilweise ebenfalls auf organischen Substanzen beruhender Ansatz wird in Farbstoff-Solarzellen verfolgt. Sie werden nach ihrem Erfinder, dem Schweizer Wissenschaftler Michael Grätzel, auch als *Grätzel-Zellen* bezeichnet.

Farbstoffsolarzellen sind aus zwei jeweils mit einer Elektrode beschichteten Glasplatten aufgebaut. Zwischen den beiden Elektroden befindet sich ein Elektrolyt (beispielsweise eine Iod-/Iodid-Lösung), der den Ladungstransport von einer Elektrode zur anderen ermöglicht. Für die Elektrode auf der der Einstrahlung zugewandten Glasplatte kommen nur transparenten Materialien wie Zinndioxid in Frage, die auch in der Dünnschichttechnologie eingesetzt werden. Auf diese Elektrode ist jeweils eine dünne Schicht des Halbleiters Titandioxid und eines lichtsensiblen Farbstoffes aufgebracht.

Bei Bestrahlung werden die Farbstoffmoleküle (Fs) durch die Absorption eines Photons (γ) angeregt und geben Elektronen (e^-) an das Leitungsband des Halbleiters ab. Der Farbstoff regeneriert innerhalb kürzester Zeit, indem er von den Iodid-Ionen (I^-) des Elektrolyten Elektronen aufnimmt.

$$Fs + \gamma \rightarrow Fs^+ + e^-$$

$$Fs^+ + I^- \rightarrow Fs + I$$

Die Iodid-Ionen werden dadurch zu Iodatomen, die sich zunächst paarweise zu Iodmolekülen zusammenschließen und anschließend mit einem weiteren Iodid-Ion zu Triiodid reagieren.

$$2I + I^- \rightarrow I_3^-$$

Die Elektronen diffundieren durch den Halbleiter zur transparenten Elektrode und können über eine äußere leitende Verbindung zur Gegenelektrode gelangen. Dort reduzieren sie das Triiodid zu drei Iodidionen.

$$I_3^- + e^- \rightarrow 3I^-$$

Farbstoff-Solarzellen erreichen derzeit Wirkungsgrade von rund 5 %. Im Labor konnte ein Spitzenwirkungsgrad von 11,9 % an einer 0,2 cm^2

großen Zelle gemessen werden. Das größte Problem stellt die noch unzureichende Langzeitstabilität von Farbstoffen, flüssigen Elektrolyten und deren Versiegelung dar. Eine Weiterentwicklung der Farbstoff-Solarzelle ist die sogenannte *Perowskit-Solarzelle*. Dabei wird der flüssige Elektrolyt und der Farbstoff durch ein blei- oder zinnhalogenidhaltiges Material ersetzt. Dazu kommen beispielsweise Methylammonium-Bleihalogenide $CH_3NH_3PbX_3$ in Frage. Das X bezeichnet dabei ein Atom aus der Gruppe der Halogene wie Brom, Chlor oder Iod.

Der Wirkungsgrad von Perowskit-Solarzellen konnte von 3,8 % im Jahr 2009 auf 20,1 % im Jahr 2015 gesteigert werden. Diese große Wirkungsgradsteigerung in kurzer Zeit zeigt das große Entwicklungspotential dieser Technologie. Die Herstellung erfolgt in einem nasschemischen Verfahren, was im Vergleich zu Silizium-Solarzellen einfach und kosten-

Abb. 4.10   Farbstoffsolarzelle. (Foto: © Fraunhofer ISE)

günstig ist. Nachteilig wirkt sich wie bei Farbstoff-Solarzellen die kurze Lebensdauer der Perowskit-Struktur aus. Primäres Ziel der gegenwärtigen Forschung ist daher die Stabilisierung des Wirkungsgrades dieser Zellen.

Literatur

1. Verlinden, P.; YingBin, Z.; ZhiQiang, F.: Cost analysis of current PV production and strategy for future silicon PV modules. Proceedings of the 28th EU PVSEC Conference, Paris 2013
2. Wild-Scholten, M.: Energy pay back time of PV modules und systems. 6. Workshop Photovoltaik-Modultechnik, Köln, 2009

Photovoltaikanlagen 5

Zusammenfassung

Photovoltaikanlagen spielen eine zunehmende Rolle innerhalb des Energieerzeugungssystems in Deutschland. Die Leistung reicht dabei von kleinen, mehrere Kilowatt großen Photovoltaikanlagen auf Einfamilienhäusern über gebäudeintegrierte Anlagen auf großen Flachdächern oder in Glasfassaden bis hin zu Megawattanlagen auf großen Freiflächen. Für einen wirtschaftlichen Betrieb ist die richtige Dimensionierung der entscheidende Faktor. In diesem Kapitel werden die einzelnen Komponenten einer Photovoltaikanlage vorgestellt, ihre Abstimmung aufeinander erläutert und die Rahmenbedingungen für einen wirtschaftlichen Betrieb dargestellt.

Photovoltaikanlagen bestehen aus einzelnen Komponenten, welche in ihren technischen Eigenschaften gut aufeinander abgestimmt sein sollten, um einen fehlerfreien Betrieb und einen optimalen Energieertrag über die übliche Betriebsdauer von 20 bis 25 Jahren zu garantieren. Aus technischer Sicht kann die Photovoltaikanlage in drei Bereiche aufgeteilt werden: Der *Photovoltaikgenerator* wandelt das einfallende Sonnenlicht in elektrische Energie. Zu ihm zählen neben den Photovoltaikmodulen auch die Gleichstromverkabelung sowie die Unterkonstruktion. Der *Wechselrichter* ist das Bindeglied zum Netz und wandelt die Gleichspannung in eine netzkonforme Wechselspannung. Der Betrieb einer Photo-

© Springer-Verlag Berlin Heidelberg 2016 63
V. Wesselak und S. Voswinckel, *Photovoltaik – Wie Sonne zu Strom wird*,
Technik im Fokus, DOI 10.1007/978-3-662-48906-2_5

voltaikanlage verläuft aufgrund von nicht vorhandenen beweglichen Teilen weitestgehend geräuschlos. Äußerlich ist der Betriebszustand daher nur schwer zu erfassen. Um Stillstandszeiten aufgrund von Betriebsstörungen der Anlage zu vermeiden, bedarf es einer automatisierten Anlagenüberwachung, die im Fehlerfall den Anlagenbetreiber alarmiert und eine schnelle Behebung der Störung ermöglicht. Das sogenannte *Monitoringsystem* erfasst dabei auch die Erträge der Photovoltaikanlage und ermöglicht somit einen Vergleich der einzelnen Betriebsjahre. Eine langfristig auftretende Leistungsreduzierung aufgrund von Degradationseffekten kann so erkannt und beim Hersteller angemahnt werden.

Aus betriebswirtschaftlicher Sicht erfolgt häufig eine Unterscheidung der Kosten zwischen Photovoltaikmodulen und *Balance of System* (BOS) Komponenten. Letztere umfassen alle Komponenten und Arbeitsschritte die bei der Errichtung einer Photovoltaikanlage erforderlich sind. Dazu zählen die Verkabelung auf der Gleichstrom- und Wechselstromseite, Wechselrichter, Unterkonstruktion, Monitoring, Netzanschluss, Montage, Sicherungseinrichtungen sowie Grundstückskosten und sonstige Aufwendungen wie Transformatoren zur Netzeinspeisung auf Mittelspannungsebene und Ähnliches. Die Hauptkosten machten in der Vergangenheit die Beschaffungskosten für Photovoltaikmodule aus. Diese sind jedoch stark gesunken wohingegen die BOS-Kosten in geringerem Umfang gesunken sind. Lag das Hauptaugenmerk hinsichtlich der Kostenoptimierung in der Vergangenheit auf den Photovoltaikmodulen nimmt die wirtschaftliche Bedeutung der BOS-Komponenten einen immer stärkeren Stellenwert ein (vgl. Abschn. 5.1). Dadurch wird deutlich, dass hinsichtlich Wartung und Instandhaltung für die BOS-Komponenten ein mindestens genauso großer Aufwand wie für die Photovoltaikmodule betrieben werden muss.

Photovoltaikanlagen werden in netzgekoppelte Anlagen und Inselanlagen unterteilt. *Netzgekoppelte Anlagen* speisen die umgewandelte Energie vollständig oder teilweise in das öffentliche Stromnetz ein. *Inselanlagen* sind nicht mit dem öffentlichen Stromnetz verbunden und bilden ein lokal begrenztes Stromnetz für die Versorgung eines oder mehrerer Verbraucher. Sie verfügen in der Regel über einen separaten Energiespeicher, z. B. in Form einer Batterie, um eine Stromversorgung auch in Zeiten von nicht vorhandener oder nur geringer Sonnenstrahlung sicherzustellen. Inselanlagen können auch als Hybridsysteme aufgebaut werden. In diesem Fall können neben dem Photovoltaikgenerator weitere Energieerzeuger, wie z. B. Windkraftanlagen, Wasserkraftanlagen oder Dieselgeneratoren in das Inselnetz integriert werden. Dadurch kann der Energiespeicher entsprechend kleiner dimensioniert werden, da in Zeiten von geringer Sonneneinstrahlung häufig ausreichend Windenergie bzw. der Dieselgenerator als Backupsystem zur Verfügung steht. Im Fall der netzgekoppelten Anlagen übernimmt das öffentliche Stromnetz die Speicher- und Backupfunktion.

5.1 Komponenten

Der Photovoltaikgenerator bildet das Herz einer Photovoltaikanlage. Er umfasst mit den Photovoltaikmodulen, ihrer Aufständerung und der Gleichstromverkabelung den Anteil der Anlage, welcher maßgeblich für die Energieerzeugung verantwortlich ist. Die Photovoltaikmodule nehmen trotz sinkender Preise mit 50 % den Hauptteil der Investitionskosten ein (vgl. Abb. 5.1).

Wechselrichter wandeln den Gleichstrom der Photovoltaikanlage in Wechselstrom um. Weiterhin erfolgt durch sie die Steuerung und Leistungsregelung des Photovoltaikgenerators. Darüber hinaus übernehmen Wechselrichter zunehmend Informations- und Kommunika-

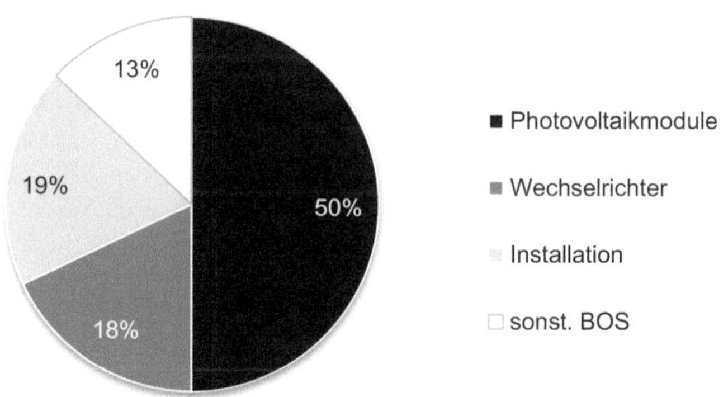

Abb. 5.1 Durchschnittliche Kostenanteile einer netzgekoppelten Photovoltaikanlage

tionsaufgaben, beispielsweise mit dem für die Netzstabilität zuständigen Übertragungsnetzbetreiber. Der Wechselrichter ist für ein knappes Fünftel der Investitionskosten einer Photovoltaikanlage verantwortlich.

5.1.1 Photovoltaikmodule

Solarzellen stellen schaltungstechnisch eine Gleichstromquelle dar. Die dem Sonnenlicht zugewandte Seite der Solarzellen bildet häufig den Minus-, die dem Sonnenlicht abgewandte Seite den Pluspol der Stromquelle. Handelsübliche kristalline Solarzellen weisen eine Leerlaufspannung, d. h. ohne Belastung durch einen elektrischen Verbraucher, zwischen 0,6 und 0,7 V auf (vgl. Abb. 3.5). Der bei maximaler Einstrahlung auftretende Kurzschlussstrom ist proportional zur Solarzellengröße und liegt bei einer typischen 6 Zoll Solarzelle mit einer Kantenlänge von 15,2 cm zwischen 5 und 8 A. Monokristalline Solarzellen verfügen dabei über etwas höhere Stromwerte als polykristalline Solarzellen und deutlich höhere Stromwerte als Dünnschichtsolarzellen. Die Spannungswerte im Punkt maximaler Leistung liegen dann zwischen 0,5 und 0,6 V. Da diese Spannung nicht ausreicht um einen elektrischen Verbraucher zu betreiben, werden Solarzellen in Solarmodulen und Photovoltaikgeneratoren zu größeren Einheiten zusammengefasst.

Verschaltung von Solarzellen
Eine Beispielsolarzelle stellt im optimalen Betriebspunkt eine Spannung von 0,5 V und bei einer Einstrahlung von 1000 W/m^2 einen Strom von 4 A zur Verfügung. Das Produkt aus Strom und Spannung ergibt eine Leistung dieser Solarzelle von 2 W. Da diese Leistung nicht ausreichend ist um einen größeren Verbraucher zu betreiben, werden mehrere Solarzellen in Reihe geschaltet. Alle Solarzellen führen dabei denselben Strom, die Spannung ergibt sich aus der Summe der Einzelspannungen der Solarzellen. In kristallinen Photovoltaikmodulen werden beispielsweise 20 Solarzellen in Reihe geschaltet, sodass sich im hier betrachteten Falle eine Gesamtspannung von 10 V und eine Leistung von 40 W erge-

ben. Für eine Reihenschaltung von drei Modulen (Abb. 5.2) ergibt sich somit eine Spannung im MPP von 30 V und ein Strom von 4 A, was einer Gesamtleistung von 120 W entspricht.

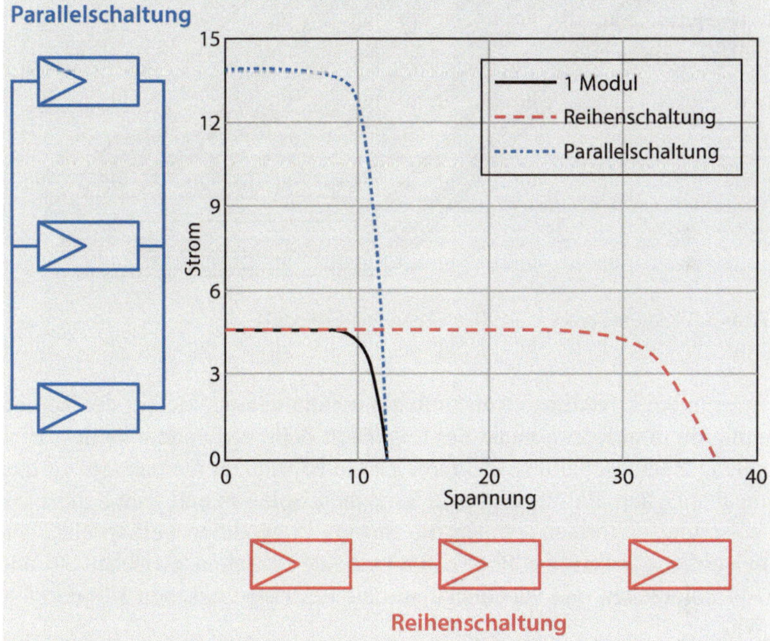

Abb. 5.2 Reihen- und Parallelschaltung von Solarzellen

Werden Solarzellen parallel geschaltet, fällt über allen Solarzellen dieselbe Spannung ab, und die Summe der Ströme der einzelnen Solarzellen ergibt den Gesamtstrom. Da auch hier für die Leistung das Produkt aus Strom und Spannung gilt, ergibt sich dieselbe Gesamtleistung wie bei einer reinen Reihenschaltung.

Innerhalb eines Solarmoduls werden Solarzellen in der Regel in Reihe geschaltet, um die Ausgangspannung des Moduls zu erhöhen. Dazu

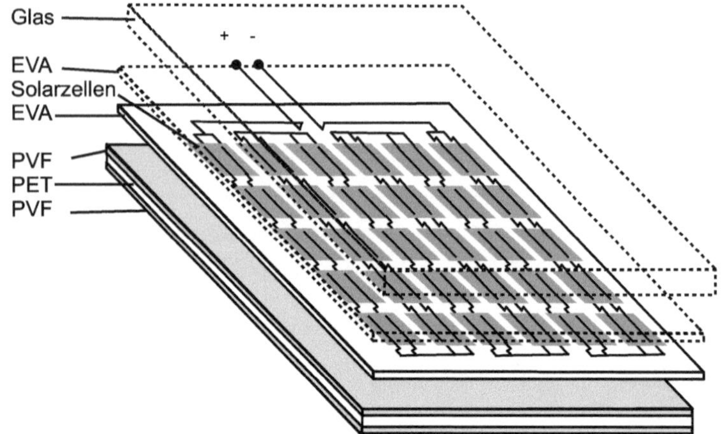

Abb. 5.3 Aufbau eines kristallinen Photovoltaikmoduls

müssen bei kristallinen Solarzellen die Sammelkontakte auf der Vorderseite mit dem Rückkontakt der folgenden Zelle verbunden werden. Eine solche Reihenschaltung mehrerer Zellen bezeichnet man als *String*. Zur mechanischen Stabilisierung, elektrischen Isolation und zum Schutz vor Witterungseinflüssen werden die Strings in Modulen verkapselt. Handelsübliche kristalline Photovoltaikmodule enthalten zwischen 36 und 144 Solarzellen und verfügen über eine Leistung zwischen 170 und 300 W_p.

Die Modulvorderseite muss Witterungseinflüssen wie beispielsweise Hagelschlag standhalten und gleichzeitig einen möglichst hohen Transmissionsgrad aufweisen. Zum Einsatz kommen eisenoxidarmes Weißglas oder spezielles Antireflexglas, das durch eine Beschichtung von Weißglas mit Siliziumdioxid entsteht. Damit lassen sich Transmissionsgrade über 95 % erreichen. Das Glas ist thermisch vorgespannt, um die Festigkeit gegenüber Biege- und Temperaturbeanspruchungen zu erhöhen.

Für die Zellverkapselung wird überwiegend Ethylenvinylacetat (EVA) eingesetzt. Die Solarzellen-Strings werden bei der Modulmontage zwischen zwei Folien dieses Kunststoffs eingebettet. Um die beiden Kunststofffolien dauerhaft zu verbinden, wird das gesamte Modul auf 150 °C erwärmt. Dieser als *Laminationsprozess* bezeichnete Vorgang führt zu einer dauerhaften, dreidimensionalen Vernetzung der EVA-Folien untereinander. Gleichzeitig erfolgt eine feste Verbindung mit dem vorder- und rückseitigen Trägermaterial.

Als Material für die Modulrückseite wird Glas oder Kunststofffolie verwendet. Eine Rückseite aus Glas hat den gestalterischen Vorteil, dass ein halbtransparentes Modul entsteht. Die Kunststofffolie besteht aus einem Verbund aus Polyvinylfluorid (PVF) und Polyethylenterephthalat (PET), der die elektrische Isolation und UV-Beständigkeit gewährleistet. Häufig erhalten Module einen Aluminium- oder Stahlrahmen, der die Glaskanten schützt und zur Befestigung dient.

Auf der Rückseite des Photovoltaikmoduls befindet sich die Anschlussdose, die durch vormontierte Steckverbinder oder Anschlusskabel bereits zur Verschaltung mehrerer Module zu einem Photovoltaikgenerator vorbereitet ist. In der Anschlussdose sind auch die *Bypassdioden* untergebracht, die die Solarzellen bei partieller Verschattung des Solarmoduls schützen. Sind eine oder mehrere Solarzellen eines Photovoltaikmoduls verschattet, so versuchen die unverschatteten Zellen ihren höheren Strom durch die verschatteten Solarzellen zu treiben. Im ungünstigsten Fall kann dies zur Zerstörung der betroffenen Solarzellen führen. Bypassdioden bieten in diesem Fall einen alternativen Strompfad an. Eine Bypassdiode wird zum Schutz von 12 bis 18 Solarzellen eingesetzt, sodass in einem Solarmodul typischerweise zwischen 2 und 6 Bypassdioden integriert sind.

Dünnschichtsolarmodule zeichnen sich optisch durch vergleichsweise schmale und lange Solarzellen aus (vgl. Abb. 5.4). Die Zellen werden dabei während des Herstellungsprozesses vollflächig auf ein Trägersubstrat (z. B. Glas) abgeschieden und nachträglich durch Laser in einzelne Zellen unterteilt (Abschn. 4.2). Die Breite einer solchen Dünnschichtsolarzelle beträgt üblicherweise etwa 1 cm. Die Länge reicht von 20 cm bis über die gesamte Länge des Photovoltaikmoduls. Die Kontaktierung dieser Zellen erfolgt mit einer transparenten und gleichzeitig leitfähigen Schicht, der sogenannten TCO-Schicht (engl.: **T**ransparent **C**onductive **O**xide). Dünnschichtphotovoltaikmodule bestehen typischerweise aus einer reinen Reihenschaltung von Solarzellen.

Abb. 5.4 Dünnschichtphotovoltaikmodul. (Foto: Q-Cells SE)

Flächenbedarf von Photovoltaikanlagen
Als einfache Faustformel gilt: $1\,\mathrm{kW_p} \mathrel{\hat=} 10\,\mathrm{m}^2$, d. h. für ein $1\,\mathrm{kW}$ Nennleistung benötigt man etwa $10\,\mathrm{m}^2$ Modulfläche. Eine genauere Bestimmung der Modulfläche einer Photovoltaikanlage ist abhängig von dem eingesetzten Zellmaterial und dem Modulwirkungsgrad:

monokristallines Silizium $\qquad\qquad\qquad 1\,\mathrm{kW_p} \mathrel{\hat=} 6\text{–}9\,\mathrm{m}^2$,
polykristallines Silizium $\qquad\qquad\qquad 1\,\mathrm{kW_p} \mathrel{\hat=} 7{,}5\text{–}10\,\mathrm{m}^2$,
amorphes/mikrokristallines Silizium $\quad 1\,\mathrm{kW_p} \mathrel{\hat=} 14\text{–}20\,\mathrm{m}^2$,
Kupfer-Indium-Diselenid $\qquad\qquad\quad\; 1\,\mathrm{kW_p} \mathrel{\hat=} 9\text{–}11\,\mathrm{m}^2$,
Cadmiumtellurid $\qquad\qquad\qquad\qquad\; 1\,\mathrm{kW_p} \mathrel{\hat=} 12\text{–}17\,\mathrm{m}^2$.

Für zweiachsig nachgeführte Anlagen muss ferner ein bis zum Faktor 2 kleinerer Flächennutzungsfaktor im Vergleich zu Freiflächenanlagen angenommen werden, da hier größere Abstände zur Vermeidung von Verschattung eingehalten werden müssen.

Dabei werden je nach Hersteller zwischen 50 und 120 Zellen in Reihe geschaltet. Aufgrund der hohen Anzahl von Solarzellen liegt die Leerlaufspannung zwischen 40 und 110 V. Der Kurzschlussstrom beträgt je nach Zellbreite und -länge zwischen 1,0 und 1,8 A. Es können jedoch auch Dünnschichtmodule mit einer internen Parallelschaltung hergestellt werden.

5.1.2 Ausrichtung

Bei der Aufständerung von Photovoltaikmodulen unterscheidet man zwischen fest ausgerichteten und nachgeführten Systemen. Feste Aufständerungen werden bei der Gebäudeintegration von Photovoltaikanlagen und häufig bei Freiflächenanlagen eingesetzt. Bei der Dach- oder Fassadenintegration von Photovoltaikanlagen ist die Ausrichtung der Modulfläche meist durch die Gebäudegeometrie vorgegeben. Eine Übersicht gängiger Montagesysteme enthält beispielsweise [1].

Bei Freiflächenanlagen und Anlagen auf Flachdächern wird in der Regel eine Ausrichtung nach Süden und ein Anstell- bzw. Neigungswinkel von 30 bis 40° gewählt, um im Jahresmittel die größtmögliche Energieausbeute zu erhalten (Abschn. 2.5). Um eine gegenseitige Verschattung zu verhindern, ist ein ausreichender Abstand zwischen den einzelnen Modulreihen vorzusehen. Je größer der Abstand zwischen den Modulreihen ist, desto geringer sind die Verschattungsverluste, desto geringer ist aber auch die Flächenausnutzung.

Nachführungssysteme ermöglichen es, Photovoltaikmodule der Sonne nachzuführen. Ziel ist es, den Einfallswinkel zwischen der Sonnenstrahlung und der Senkrechten auf die Zellebene zu minimieren. Die Nachführung verbessert somit die Nutzung des direkten Strahlungsanteils. Es wird zwischen ein- und zweiachsigen Nachführungen unterschieden. Einachsig nachgeführte Systeme können nach der Lage ihrer Rotationsachse klassifiziert werden. Horizontal nachgeführte Systeme variieren in ihrer Nord-Süd-Achse, also der Modulneigung. Von vertikaler Nachführung spricht man, wenn die Modulfläche der Sonnenbahn folgt, der Neigungswinkel aber nicht verändert wird. Bei einer Azimutnachführung oder horizontal geneigten Nachführung ist die Rotationsachse mit einem festen Winkel geneigt, die Modulfläche wird dann in Ost-West-Richtung nachgeführt. Abb. 5.5 enthält eine Übersicht über den Aufbau von Nachführungssystemen.

In Tab. 5.1 ist der prozentuale Ertragsgewinn durch verschiedene Nachführungsarten bezogen auf eine Ausrichtung nach Süden und eine Modulneigung von 30° aufgeführt. Für Deutschland kann durch eine zweiachsige Nachführung ein Ertragsgewinn von 30 % erzielt werden. Ein noch höherer Ertragsgewinn ist im sonnenreicheren Nordafrika möglich. Hier kann aufgrund eines höheren Direktstrahlungsanteils 42 % mehr Energie erzeugt werden im Vergleich zu einer festen Ausrichtung nach Süden. Ähnlich gute Ergebnisse können mit einer um 45° geneigten Rotationsachse einer einachsigen Nachführung erzielt werden.

Zweiachsig nachgeführte Systeme werden auch als *Heliostate* bezeichnet. Auf ihnen können bis zu 100 m^2 Modulfläche montiert werden. Der Solargenerator besteht dann aus mehreren Heliostaten. Damit sich die einzelnen Systeme nicht gegenseitig verschatten, müssen relativ große Abstände eingehalten werden, sodass sich der Flächenbedarf im Vergleich zu fest ausgerichteten Photovoltaikanlagen um den Faktor zwei erhöht.

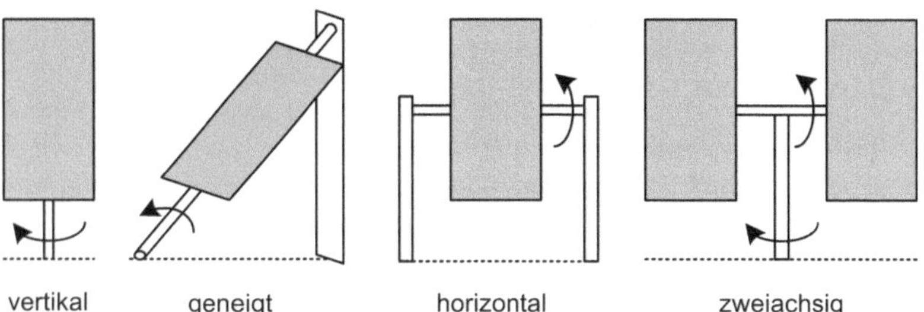

Abb. 5.5 Bauformen von Nachführsystemen

Tab. 5.1 Ertragsgewinne und -verluste im Vergleich zu einer Ausrichtung nach Süden und einer Modulneigung von 30° für Deutschland und Nordafrika

Nachführung	Fest	Zweiachsig	Einachsig, vertikal	Azimut, horizontal geneigt	Einachsig, horizontal
Neigung	0°	Nachgeführt	30°	45°	Nachgeführt
Ausrichtung	Horizontal	Nachgeführt	Nachgeführt	Süden	Süden
Nordhausen	−14 %	+30 %	+20 %	+27 %	+5 %
Kairo	−9 %	+42 %	+28 %	+32 %	+7 %

In den letzten Jahren hat die Bedeutung von Nachführsystemen in der Photovoltaik deutlich abgenommen. Der Grund dafür liegt in der mit sinkenden Modulpreisen einhergehenden niedrigeren Einspeisevergütung, wodurch sich der Aufwand für die Nachführung wirtschaftlich nicht mehr darstellen lässt.

5.1.3 Stromrichter

Die größtmögliche Leistungsausbeute wird dann erzielt, wenn der Photovoltaikgenerator jederzeit in seinem Punkt maximaler Leistung (MPP) betrieben wird. Dies macht die Verwendung flexibler elektronischer Anpassungsschaltungen notwendig, deren Übertragungsverhalten über einen Stelleingang beeinflusst werden kann. Sie dienen zur Kopplung von Solargenerator und elektrischen Verbrauchern (Last) und werden als Stromrichter bezeichnet. Je nachdem ob auf Lastseite Gleichstrom oder Wechselstrom vorliegt, werden Gleichstromsteller (DC-DC-Wandler) oder Wechselrichter (DC-AC-Wandler) eingesetzt.

Gleichstromsteller haben die Aufgabe, die vom Solargenerator bei einem bestimmten Spannungsniveau zur Verfügung gestellte Leistung möglichst verlustarm an den Gleichstromverbraucher auf dem von diesem benötigten Spannungsniveau weiterzugeben. Kernstück eines Gleichstromstellers ist ein elektronisches Schaltglied, welches mit hoher Frequenz ein- und ausgeschaltet wird. Über das Verhältnis von Einschalt- zu Ausschaltzeit kann das Verhältnis von Eingangs- zu Ausgangsspannung variiert werden. Je nach Anwendung kommen unterschiedliche Schaltungsvarianten zum Einsatz: beispielsweise Tiefsetz- oder Hochsetzsteller, je nachdem ob die Eingangsspannung herab- oder heraufgesetzt werden soll.

Um den vom Photovoltaikgenerator erzeugten Gleichstrom in das öffentliche Stromnetz einzuspeisen oder um ihn in handelsüblichen Haushaltsgeräten zu nutzen, muss er in einen einphasigen Wechselstrom oder dreiphasigen Drehstrom umgewandelt werden. Zu diesem Zweck werden *Wechselrichter* eingesetzt. Kernstück dieser Geräte sind elektronische Schalter, welche in der Lage sind, Spannungen bis 1000 V und Ströme größer 100 A schalten zu können. Durch geeignete Modulationsverfahren wird in guter Näherung eine sinusförmige Spannung erzeugt.

Man unterscheidet Netzwechselrichter und Inselwechselrichter. Netzwechselrichter haben die Aufgabe, stets die maximal mögliche Energie in das öffentliche Stromnetz einzuspeisen. Der Inselwechselrichter hingegen dient zur Versorgung von einzelnen Verbrauchern oder Haushalten ohne Zugang zum öffentlichen Stromnetz oder zur Einspeisung in lokal begrenzte Stromnetze (Mini-Grid). Der wesentliche Unterschied der beiden Wechselrichterarten ist, dass der Netzwechselrichter die Frequenz zur Erzeugung des Wechselstroms vom öffentlichen Stromnetz vorgegeben bekommt. Ein Inselwechselrichter benötigt einen internen Taktgeber, um einen Wechselstrom mit einer Frequenz von 50 Hz zu erzeugen.

Unabhängig von der Bauart, haben nahezu alle Stromrichter weitere Systemkomponenten zur Steuerung, Regelung und Systemüberwachung integriert. In ihnen ist auch der sogenannte *MPP-Tracker* enthalten, der dafür sorgt, dass der Photovoltaikgenerator immer in seinem Betriebspunkt maximaler Leistung betrieben wird. Mit Hilfe des MPP-Trackers wird dieser Betriebspunkt automatisch gesucht und eingestellt. Da sich die Lage dieses Betriebspunktes mit der Sonneneinstrahlung und der Temperatur permanent ändert (vgl. Abb. 3.5), muss er kontinuierlich überwacht und nachgeregelt werden.

Abb. 5.6 zeigt den prinzipiellen Aufbau eines einphasigen Wechselrichters. Auf der Gleichstromseite (links) werden die Photovoltaikmodule angeschlossen. Ein Tiefsetzsteller setzt zunächst die Spannung herab. Gleichzeitig dient er als Stelleingriff für den MPP-Tracker. Der eigentliche Wechselrichter besteht aus einer Brückenschaltung leistungselektronischer Bauelemente, die über ein Modulationsverfahren angesteu-

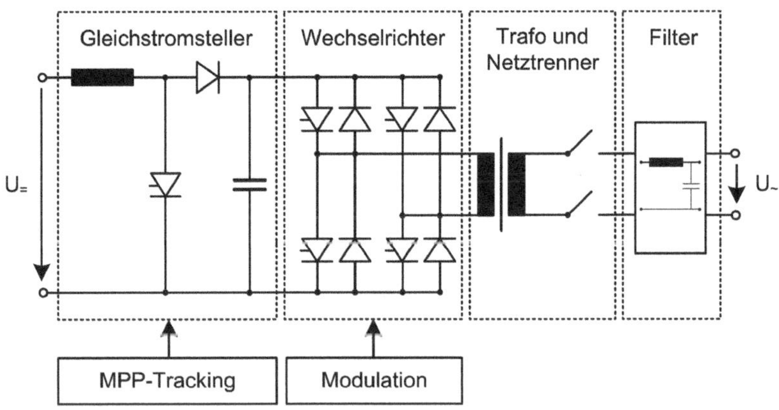

Abb. 5.6 Grundschaltung eines einphasigen Solarwechselrichters

ert werden. Durch das hochfrequente Schalten von Spannungsblöcken unterschiedlicher Länge lässt sich eine sinusförmige Wechselspannung gut nachbilden. Ein solches Verfahren wird als *Pulsweitenmodulation* bezeichnet. Durch eine nachgeschaltete Filterung lässt sich die hochfrequente Schaltfrequenz herausfiltern und eine netzkonforme Wechselspannung erzeugen.

Da Photovoltaikanlagen Leistungen von einigen Watt bis weit in den Megawattbereich erzeugen können, muss insbesondere im Fall der Netzeinspeisung das angeschlossene Netz in der Lage sein, die erzeugte Energie aufzunehmen. Bis zu einer Anschlussleistung (Wechselrichterausgangsleistung) von 4,6 kVA erfolgt die Einspeisung einphasig in das Niederspannungsnetz. Oberhalb dieser Leistung muss die Einspeisung dreiphasig erfolgen, um die maximal zulässige Phasenschieflast im Niederspannungsnetz nicht zu überschreiten. Ab einer Anlagengröße von $100\,\mathrm{kW_p}$ erfolgt die Einspeisung zudem in das Mittelspannungsnetz. Hierbei ist zusätzlich ein Mittelspannungstransformator notwendig, um die Ausgangsspannung des Wechselrichters beispielsweise auf 20 kV zu transformieren. Sowohl bei der Einspeisung ins Mittelspannungsnetz als auch bei der Einspeisung ins Niederspannungsnetz müssen Photovoltaikanlagen am Netzmanagement teilnehmen. Die erforderlichen Maßnahmen sind dabei in der Mittelspannungs- bzw. Niederspannungsrichtlinie des Bundesverbandes der Energie- und Wasserwirtschaft (BDEW) geregelt (siehe Kap. 6).

Häufig ist im Wechselrichter ein *Monitoringsystem* integriert. Es dient zur Überwachung der erzeugten Energiemenge, erkennt Fehlerzustände der Anlage und sendet gegebenenfalls eine Fehlermeldung an den Anlagenbetreiber. Ein Fehler könnte ansonsten tage- oder wochenlang nicht entdeckt werden und zu erheblichen Ertragseinbußen führen. Bei großen Freiflächenanlagen wird zusätzlich noch ein Monitoring auf Strangebene betrieben, d. h. der Strom in jedem Modulstrang wird überwacht und mit den Strömen der anderen Modulstränge verglichen. Diese Maßnahme ermöglicht eine Lokalisierung von Anlagendefekten und hilft Stillstandszeiten zu reduzieren.

Der elektrische Aufbau einer Photovoltaikanlage variiert vor allem hinsichtlich des Wechselrichterkonzepts. Dabei unterscheidet man zentrale und dezentrale Wechselrichterkonzepte. In Abb. 5.7 ist das Prinzip des *zentralen Wechselrichterkonzepts* dargestellt. Dabei werden alle Photovoltaikmodule an einen zentralen Wechselrichter angeschlossen,

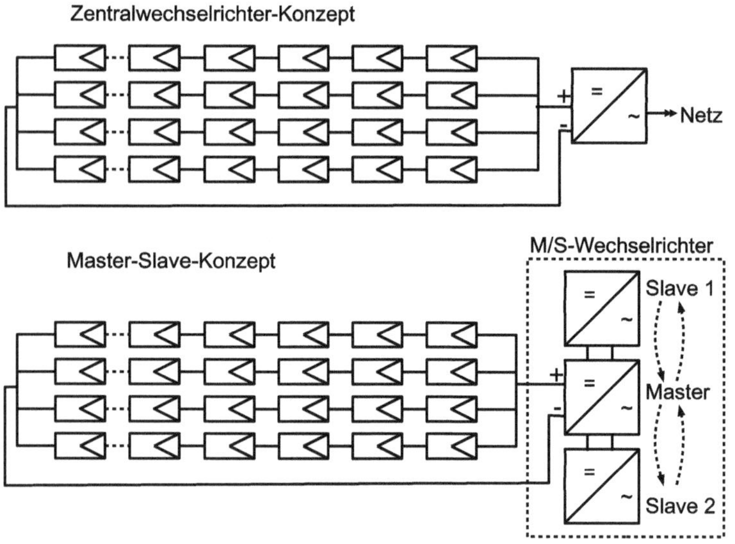

Abb. 5.7 Zentrale Wechselrichterkonzepte

der den gesamten erzeugten Gleichstrom in Wechselstrom umwandelt. Das Master-Slave-Konzept stellt eine Variante des Zentralwechselrichter-Konzeptes dar. Durch Zu- und Abschalten von Slave-Wechselrichtern kann bei geringerer Einstrahlung ein besseres Teillastverhalten erreicht werden. Problematisch ist dabei, dass bei dieser Betriebsweise der Master-Wechselrichter deutlich stärker beansprucht wird als die Slave-Wechselrichter. Durch zyklisches Vertauschen der Position in der Master-Slave Rangfolge kann eine gleichmäßige Belastung der einzelnen Wechselrichter erreicht werden. Man spricht in diesem Fall auch vom Team-Konzept. Master- und Slave-Wechselrichter können in einem Gehäuse untergebracht werden, so dass sie sich augenscheinlich nicht von einem herkömmlichen Zentralwechselrichter unterscheiden.

Durch die zentrale Anordnung eines Wechselrichters sinken die spezifischen Wechselrichterkosten, da nur eine Wechselrichtereinheit für eine relativ große Anzahl von Photovoltaikmodulen installiert werden muss.

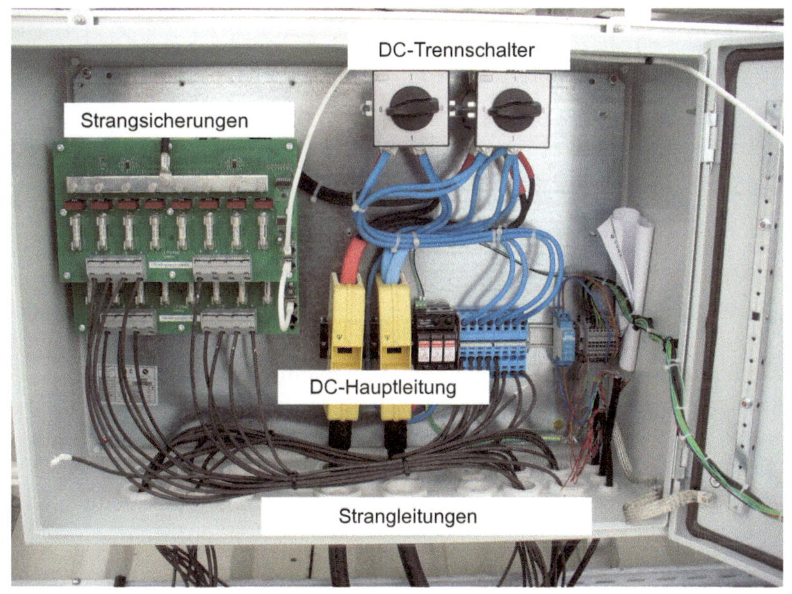

Abb. 5.8 Generatoranschlusskasten mit Strangsicherungen

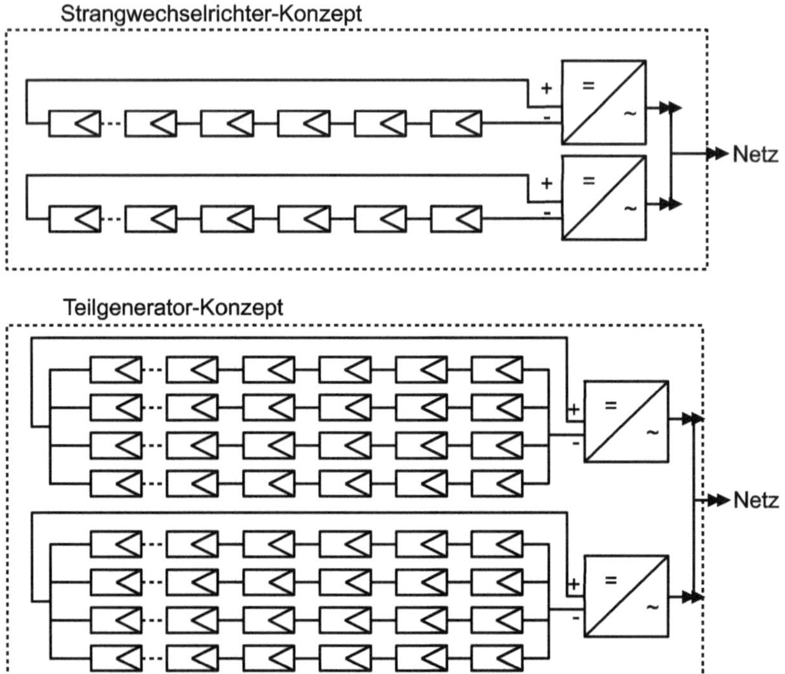

Abb. 5.9 Dezentrale Wechselrichterkonzepte

Nachteilig wirkt sich jedoch die aufwändige DC-Verkabelung aus. Hier müssen sehr viele Modulstränge parallel geschaltet werden. Viele Modulhersteller begrenzen die Anzahl der Photovoltaikmodule, die ohne zusätzliche Schutzmaßnahmen zur Vermeidung von Rückströmen (vgl. Abschn. 5.2) parallel geschaltet werden dürfen. Die dazu eingesetzten Strangsicherungen werden typischerweise in einem Generatoranschlusskasten untergebracht (vgl. Abb. 5.8). Ein weiterer Nachteil ist, dass nur ein MPP-Tracker für eine große Anzahl von Photovoltaikmodulen eingesetzt wird. Unterschiede in den elektrischen Kenngrößen der Module, Verschattungen und Strahlungsinhomogenitäten auf einem räumlich vergleichsweise großen Feld führen zu einem nicht optimalen Betrieb der Photovoltaikanlage.

Werden nur einzelne Modulstränge oder Gruppen von zwei bis vier Modulsträngen an einen Wechselrichter angeschlossen, spricht man von einem dezentralen Wechselrichterkonzept. Diese Schaltungsart wird auch als *Strangwechselrichter-* bzw. Teilgeneratorkonzept (vgl. Abb. 5.9) bezeichnet. Diese Verschaltung hat den Vorteil, dass eine geringere Anfälligkeit gegenüber *Mismatching* und Verschattung vorliegt. Leistungsverluste werden insbesondere dadurch vermieden, dass für einen relativ kleinen Teil einer Photovoltaikanlage jeweils ein separater MPP-Tracker dafür sorgt, dass die einzelnen Teilanlagen immer in ihrem optimalen Betriebspunkt betrieben werden.

Mismatching
Als Mismatching wird die Abweichung von Strom-Spannungs-Kennlinien einzelner Photovoltaikmodule innerhalb eines Modulstrangs bezeichnet, man spricht daher auch von einer Fehlanpassung. Die Kennlinienabweichung kann aufgrund von Herstellungstoleranzen, einer falschen Modulzusammenstellung oder infolge von Strahlungsinhomogenitäten auftreten.

In Abb. 5.10 sind die Auswirkungen von Mismatching dargestellt. Die Kennlinie eines Moduls mit Nennleistung sowie eines Moduls mit Minderleistung sind im linken Bildbereich zu sehen. Die Minderleistung äußert sich hauptsächlich durch einen verminderten Strom. Werden zwei Module in Reihe geschaltet, ergibt sich eine Verdoppelung der Spannung bei gleichbleibendem Strom, dargestellt in der mittleren Kennlinie. Eine Reihenschaltung von drei identischen Modulen ergibt die Kennlinie mit den dreifachen Spannungswerten. Hat eines der drei Module jedoch eine Minderleistung ergibt sich ein stufenförmiger Gesamtkennlinienverlauf. Die Folge ist ein deutlicher Leistungsverlust.

Um die Leistungsverluste aufgrund von Mismatching zu reduzieren, werden Photovoltaikmodule in sogenannte Leistungsklassen eingeteilt. Innerhalb einer Leistungsklasse gibt es jedoch immer noch Abweichungen der Kennlinie. Daher wird seitens des Herstellers von jedem Modul eine Strom-Spannungs-Kennlinie unter Normbedingungen aufgenommen. Die Ergebnisse dieser

Kennlinienmessungen werden dem Käufer der Module zur Verfügung gestellt. Anhand dieser sogenannten Flasher-Liste können dann die Module nach ihren tatsächlichen Stromwerten sortiert und in Gruppen zu Modulsträngen zusammengestellt werden.

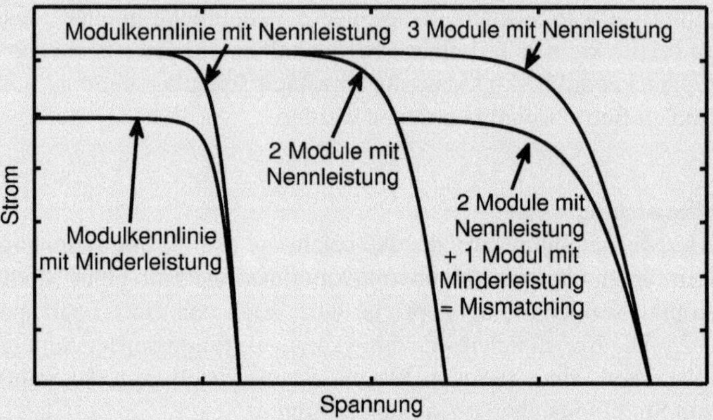

Abb. 5.10 Kennlinienverläufe mit und ohne Mismatching

Für einen optimalen Energieertrag gilt daher: In einem Modulstrang dürfen nur Module der gleichen Leistungsklasse, d. h. mit einem möglichst identischen Stromwert zusammengeschaltet werden. Module eines Strangs sind so anzuordnen, dass eine ungleichmäßige Bestrahlung bzw. Verschattung vermieden wird.

Eine Sonderform des dezentralen Wechselrichterkonzeptes stellen Modulwechselrichter dar. Dabei wird, wie in Abb. 5.11 dargestellt, jedes einzelne Photovoltaikmodul mit einem kleinen Wechselrichter ausgestattet, der beispielsweise in die Modulanschlussdose intergiert werden kann. Da jeder Modulwechselrichter über einen integrierten MPP-Tracker verfügt, wird jedes Photovoltaikmodul in seinem optimalen Betriebspunkt betrieben. Der Zusammenschluss der Photovoltaikmodule erfolgt parallel an einer Wechselstromsammelschiene. Dadurch kann

Modulwechselrichter-Konzept

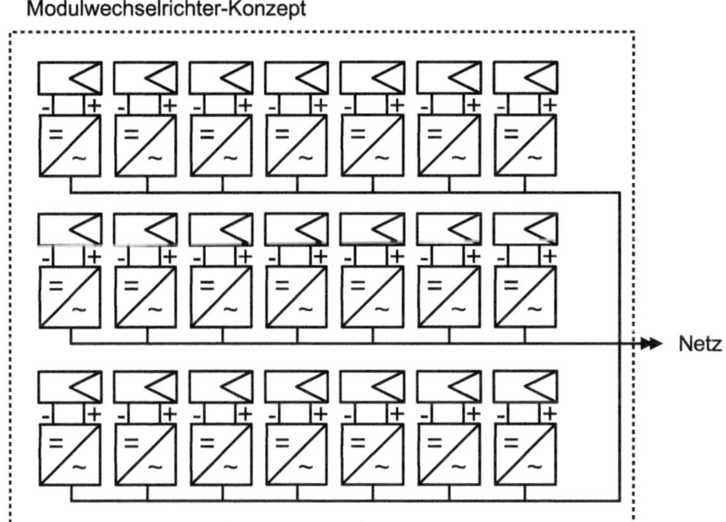

Abb. 5.11 Modulwechselrichterkonzept

eine Photovoltaikanlage praktisch unbegrenzt erweitert werden. Mismatching zwischen den einzelnen Modulen wird dadurch vermieden, weshalb bei diesem Konzept auch unterschiedliche Module in einer Photovoltaikanlage integriert werden können. Ein beschädigtes oder defektes Modul kann somit einfach durch ein anderes Modul ersetzt werden, eine sonst aufwändige Suche nach einem zu den restlichen Modulen passenden Ersatzmodul fällt nicht an. Die Fehlerüberwachung des Monitoringsystems wirkt direkt am Modul, eine evtl. Fehlersuche vereinfacht sich dadurch enorm. Ferner können Flächen mit unterschiedlicher Ausrichtung nahezu vollständig mit dem Modulwechselrichterkonzept ausgenutzt werden. Aufgrund der kleinen Wechselrichtereinheiten fallen hier tendenziell höhere spezifische Wechselrichterkosten im Vergleich zu anderen Wechselrichterkonzepten an, so dass sich das Modulwechselrichterkonzept bisher nicht auf dem Markt durchsetzen konnte.

5.2 Auslegung von netzgekoppelten Anlagen

Die Auslegung von Energieerzeugungsanlagen erfolgt anhand ihrer Nennleistung. Als *Nennleistung* einer Photovoltaikanlage wird die installierte Leistung der Photovoltaikmodule, also die Summe der einzelnen Modulleistungen, bezeichnet. Deren Nennleistung wird bei *Standardtestbedingungen* ermittelt, welche aufgrund des schwankenden Strahlungsangebots der Sonne nur an wenigen Tagen im Jahr vorliegen (vgl. Abschn. 2.5). Um die umgewandelte Solarenergie in das öffentliche Netz einzuspeisen, muss der Wechselrichter an die Leistung des Solargenerators bei unterschiedlichen Umgebungsbedingungen angepasst werden. Eine Einstrahlung von $1000\,\text{W/m}^2$ tritt beispielsweise nur an wenigen Stunden im Jahr auf, häufig liegen ungünstigere Bedingungen vor, selten auch bessere. In Deutschland kann es sinnvoll sein, den Wechselrichter im Vergleich zum Solargenerator kleiner zu dimensionieren.

Mit dem Hintergrund, dass die Kosten einer Photovoltaikanlage mit der Leistung skalieren, stellt sich also immer die Frage nach dem wirtschaftlichen Optimum der Anlagenauslegung. Die wesentlichen Einflussfaktoren sind dabei das zur Verfügung stehende Budget für den Bau der Photovoltaikanlage, die Auslastung des Wechselrichters, d. h. das Verhältnis von Photovoltaikleistung zu Wechselrichterleistung und das Verhalten des Wechselrichters bei Überlast.

Die Auslastung des Wechselrichters ist vor allem vom Strahlungsangebot auf der Generatorfläche abhängig. Ist der Photovoltaikgenerator schlecht ausgerichtet (vgl. Abb. 2.11) oder wird ein zu kleiner Modulreihenabstand gewählt, steht u. U. nur ein Bruchteil der installierten Nennleistung zur Verfügung. Dadurch kann eine optimale Auslastung des Wechselrichters und somit der wirtschaftliche Betrieb einer Photovoltaikanlage gefährdet werden.

Neben dem ökonomischen muss auch ein technisches Optimum zwischen Photovoltaikgenerator und Wechselrichter gefunden werden. Dabei gilt es, insbesondere eine für den Wechselrichter günstige Verschaltung der Photovoltaikmodule zu finden bzw. einen geeigneten Wechselrichter auszuwählen.

Bevor mit der Planung einer Photovoltaikanlage begonnen werden kann, muss eine geeignete Fläche gefunden werden. Hier unterscheidet man grundsätzlich zwischen gebäudebezogenen Photovoltaikanlagen und Freilandanlagen. Im Sinne des Erneuerbaren-Energien-Gesetzes (EEG) handelt es sich um eine gebäudebezogene Anlage, wenn sich die Photovoltaikanlage an oder auf einem Gebäude befindet. Ein Gebäude in diesem Zusammenhang ist eine selbständig benutzbare, überdeckte bauliche Anlage, die von Menschen betreten werden kann und vorrangig dazu bestimmt ist, dem Schutz von Menschen, Tieren oder Sachen zu dienen.

STC-Bedingungen

Die *Standardtestbedingungen* (engl. **S**tandard **T**est **C**onditions) sind normierte Umgebungsbedingungen, bei denen die Nennleistung eines Photovoltaikmoduls definiert ist. Leistungsangaben beruhen demnach auf einer Messung bei einer Einstrahlung von $1000\,\text{W/m}^2$, einer Zelltemperatur von $25\,°\text{C}$ und einem AM1,5 Standardspektrum. Die ermittelte Nennleistung wird häufig in der Einheit Watt peak $[\text{W}_\text{p}]$ angegeben. Diese Festlegung der Umgebungsbedingungen ermöglicht eine weltweite Vergleichbarkeit der Leistungsangaben von Photovoltaikmodulen.

Den größten Anteil innerhalb der gebäudebezogenen Anlagen bilden die sogenannten Aufdachanlagen. Die Art der Modulmontage spielt dabei keine Rolle. Anlagen auf Flachdächern zählen folglich ebenfalls zu den Aufdachanlagen. In diesem Fall erfolgt die Auslegung jedoch nach denselben Kriterien wie bei einer Freilandanlage, da die optimale Modulneigung ebenfalls durch eine Unterkonstruktion realisiert werden muss. Daneben spricht man von einer Fassadenanlage, wenn die Photovoltaikanlage an oder in der Außenwand eines Gebäudes installiert wird.

Eine wichtige Rolle bei der Flächenauswahl spielt die *Verschattungsfreiheit*. Eine Verschattung bewirkt nicht nur Leistungseinbußen bei den unmittelbar betroffenen Modulen, sondern hat in der Regel auch negative Auswirkungen auf die mit diesen verschalteten Module. Flächen, die beispielsweise durch Bäume, Gebäude, Gauben oder Schornsteine verschattet werden, sollten daher von der Flächenfestlegung ausgenommen werden. Bei Freiflächenanlagen und bei Flachdächern auf denen eine Aufständerung der Photovoltaikmodule erfolgen soll, kann ein Flächennutzungsfaktor von 0,3 bis 0,4 angesetzt werden. Der Flächennutzungsfaktor gibt das Verhältnis von Modulfläche zu Grundfläche an. Bei einer horizontalen Verlegung der Module ist der Flächennutzungsfaktor 1. Bei aufgeständerten Modulen werden 60 bis 70 % der Fläche von den für Verschattungsfreiheit erforderlichen Modulreihenzwischenräumen eingenommen.

Verschattungsfreiheit
Um die Sonnenstrahlung im Jahresverlauf optimal ausnutzen zu können, werden Photovoltaikmodule häufig in Modulreihen aufgeständert. Da die Modulreihen zwangsläufig auch hintereinander stehen, ist eine gegenseitige Verschattung im Tagesverlauf nicht zu vermeiden. Diese Verschattung kann durch einen ausreichenden Modulreihenabstand minimiert werden. Photovoltaikanlagen werden als *verschattungsfrei* bezeichnet, wenn zum Sonnenhöchststand am 21. Dezember kein Schatten auf der Modulfläche vorhanden ist. Durch diese Auslegung wird sichergestellt, dass in den einstrahlungsreichen Sommermonaten zwischen 10 und 16 Uhr keine gegenseitige Verschattung der einzelnen Modulreihen auftritt.

Der erforderliche Modulreihenabstand d zum Erreichen der Verschattungsfreiheit kann für eine nach Süden ausgerichtete Photovoltaikanlage mit Hilfe des Sonnenhöhenwinkels γ am 21. Dezember um 12 Uhr solarer Zeit (Verschattungswinkel), dem Modulneigungswinkel β und der Modullänge b (vgl. Abb. 5.16) berechnet werden:

$$d = \frac{b \cdot \sin\left(180° - \beta - \gamma\right)}{\sin \gamma}$$

5.2.1 Allgemeine Auslegungsgrundsätze

5.2.1.1 Wechselrichterleistung

Die Leistung des Photovoltaikgenerators stimmt in der Regel nicht mit
der Nennleistung des Wechselrichters überein. Um einen Wechselrichter
nicht unnötig oft in einem relativ schlechten Teillastbereich zu betreiben, dimensioniert man den Wechselrichter um bis zu 20 % kleiner als
den Photovoltaikgenerator. Bei hoher Sonneneinstrahlung und/oder niedrigen Temperaturen kann die Maximalleistung des Wechselrichters dann
überschritten werden, so dass der Wechselrichter den Photovoltaikgenerator abregelt, d. h. in einem schlechteren Betriebspunkt betreibt. Die dadurch entstehenden Ertragsverluste nimmt man jedoch in Kauf, da nur an
sehr wenigen Tagen im Jahr und dann auch nur an sehr wenigen Stunden
Umgebungsbedingungen auftreten können, an denen es zu einer Abregelung kommt. Bei den Einstrahlungsbedingungen in Deutschland sind bei
einer Unterdimensionierung des Wechselrichters von 20 % Verluste von
maximal 3 % durch Abregeln zu erwarten [1]. Diese Verluste sind mit
den geringeren Investitionskosten für ein auf die Leistung bezogen klei-
neres Gerät sowie das bessere Teillastverhältnis des Wechselrichters bei
schwächeren Einstrahlungsbedingungen im Rahmen einer Wirtschaft-
lichkeitsbetrachtung ins Verhältnis zu setzen.

Liegt für eine bestimmte Generatorleistung kein passender Wechselrichter vor, kann es auch zu einer Überdimensionierung des Wechselrichters kommen. Hier sollte ein Wert von 20 % der Generatorleistung
nicht überschritten werden. In diesem Fall ist ein guter Teillastwirkungs-
grad des eingesetzten Wechselrichters von besonderer Bedeutung, da er
überwiegend in einem niedrigen Auslastungsbereich arbeiten wird (vgl.
Abb. 5.12). Ein weiterer Grund für eine Überdimensionierung des Wechselrichters können aber auch besondere Einstrahlungsbedingungen am
Anlagenstandort sein. Beispielsweise im Hochgebirge kann es auf Grund
des verminderten Atmosphäreneinflusses zu hohen Einstrahlungswerten
bei gleichzeitig niedrigen Außentemperaturen kommen, so dass vermehrt
Leistungswerte des Photovoltaikgenerators größer der Nennleistung zu
erwarten sind.

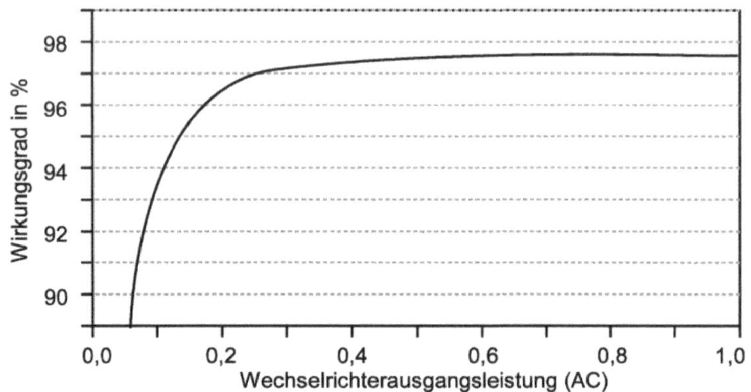

Abb. 5.12 Wirkungsgrad eines Wechselrichters in Abhängigkeit von der Auslastung

5.2.1.2 Spannung

Neben der Leistung darf die maximale gleichstromseitige Eingangsspannung am Wechselrichter und die maximale Systemspannung der
Photovoltaikmodule nicht überschritten werden. Dabei gilt es immer,
den kleineren Spannungswert nicht zu überschreiten. Als maximale
Spannung des Photovoltaikgenerators muss die Leerlaufspannung bei
der minimal zu erwarteten Außentemperatur ermittelt werden, da die
Leerlaufspannung bei sinkenden Außentemperaturen aufgrund eines negativen Temperaturkoeffizienten ansteigt. Für Photovoltaikanlagen in
Deutschland hat sich eine minimale Auslegungstemperatur von $-10\,^\circ$C
bewährt (vgl. Abb. 5.13). Für kristalline Solarzellen kann pro Grad Tem-
peraturänderung mit einer durchschnittlichen Spannungsänderung von
$-0{,}4\,\%$ gerechnet werden. Für ein entsprechendes Photovoltaikmodul
bedeutet dies, dass die Leerlaufspannung bei der Auslegungstemperatur
von $-10\,^\circ$C über der Leerlaufspannung gemäß Datenblatt und den bei
Standardtestbedingungen herrschenden $25\,^\circ$C liegt. Dabei ist zu beachten, dass es sich jeweils um die Zelltemperatur handelt. Diese kann bis
zu 30 K über der Umgebungstemperatur liegen.

Jeder Wechselrichter verfügt über einen sogenannten MPP-Span-
nungsbereich, in dem der MPP-Tracker arbeitet und den Photovoltaikgenerator in seinen Punkt maximaler Leistung führen kann. Es ist

daher notwendig, den Generator bezüglich seiner MPP-Spannung an den Wechselrichter anzupassen. Da die Spannung weitgehend unabhängig von der Einstrahlung ist, muss an dieser Stelle lediglich die Spannungsänderung aufgrund der Temperatur berücksichtigt werden. Als untere Temperatur werden wieder $-10\,°C$ als obere $+70\,°C$ angenommen. Die für diese Werte ermittelten MPP-Spannungen des Photovoltaikgenerators müssen dann innerhalb des im Wechselrichterdatenblatt angegebenen MPP-Spannungsbereichs liegen (vgl. Abb. 5.13).

Die Anzahl der Module in einem Strang wird durch die maximale Systemspannung der Module selbst oder des Wechselrichters begrenzt. Die Nennleistung eines Strangs ergibt sich dabei aus der Summe der Modulnennleistung. Für maximale Systemspannungen von $1000\,V$ liegt

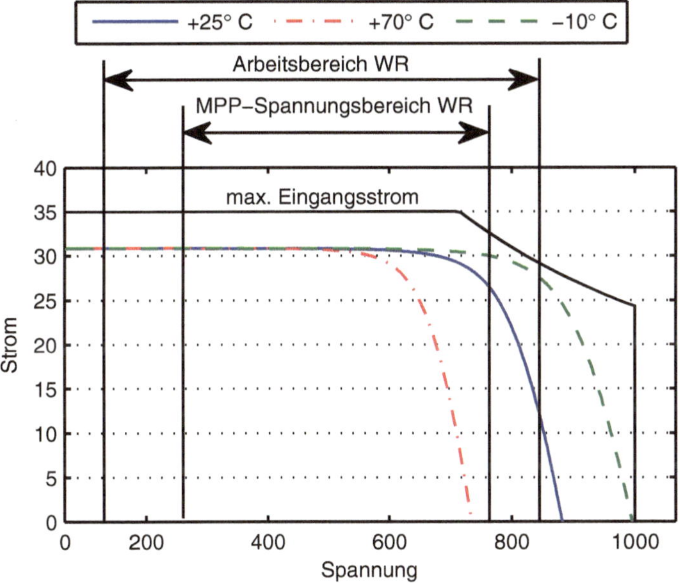

Abb. 5.13 Kennlinien eines Photovoltaikgenerators bei unterschiedlichen Temperaturen und die Spannungsbereiche eines Wechselrichters. Da der MPP der Kennlinie für $-10\,°C$ außerhalb des MPP-Spannungsbereichs des Wechselrichters liegt, ist diese Kombination ungeeignet

demnach die Leistung eines Strangs zwischen 1 und 5 kW$_p$ je nach verwendetem Modultyp.

5.2.1.3 Strom

Dezentrale Wechselrichterkonzepte sehen häufig einen separaten Wechselrichter je Strang vor. Wechselrichter größerer Leistung bieten häufig einen Kostenvorteil im Vergleich zu mehreren Wechselrichtern kleinerer Leistung. Um diesen Kostenvorteil nutzen zu können, schaltet man mehrere Modulstränge parallel. Diese Maßnahme ermöglicht es, eine größere Anzahl von Modulen und damit eine größere Photovoltaikleistung an einen Wechselrichter anzuschließen. Dabei müssen jedoch einige Randbedingungen eingehalten werden: Die Anzahl der parallelen Modulstränge wird durch den maximalen Eingangsstrom des Wechselrichters begrenzt. Des Weiteren müssen alle Komponenten in der Lage sein, den auftretenden Generatorstrom zu führen. Der maximal zu erwartende Strom ergibt sich dabei aus der Anzahl der parallelen Stränge multipliziert mit dem Nennkurzschlussstrom eines Moduls. Die Parallelschaltung der einzelnen Modulstränge erfolgt in einem Generatoranschlusskasten, von dem aus dann nur noch eine Gleichstrom-Hauptleitung zum Wechselrichter geführt werden muss.

Die Parallelschaltung von Modulsträngen birgt allerdings auch Risiken. Fällt in einer Parallelschaltung von beispielsweise vier Modulsträngen in einem Strang ein Modul durch Verschattung oder einen Fehler aus, sinkt die Spannung in dem betroffenen Modulstrang um den Betrag der Spannung des überbrückten Moduls bzw. der Solarzelle. Liegt die Leerlaufspannung des gestörten Modulstrangs dann unter der MPP-Spannung der ungestörten Stränge, kehrt sich die Stromrichtung im gestörten Strang um. Einen solchen Stromfluss bezeichnet man als *Rückstrom*, die betroffenen Module arbeiten dann als Verbraucher (vgl. Abb. 5.14). Durch den Rückstrom kommt es zu einer Erwärmung der Module, die bis zu ihrer Zerstörung und insbesondere im Fall von dachintegrierten Anlagen auch zu einem Brandrisiko führen kann.

Um diese Gefahr zu vermeiden, werden Strangsicherungen oder Strangdioden eingesetzt. Diese werden in Reihe zu einer Gruppe von Modulsträngen geschaltet. Die maximale Anzahl der parallelen Stränge ohne Sicherung richtet sich nach der maximalen Rückstrombelastbarkeit der Module, welche im Datenblatt angegeben wird. Dabei ist zu beachten, dass sich der maximal zu erwartende Rückstrom in einem Strang

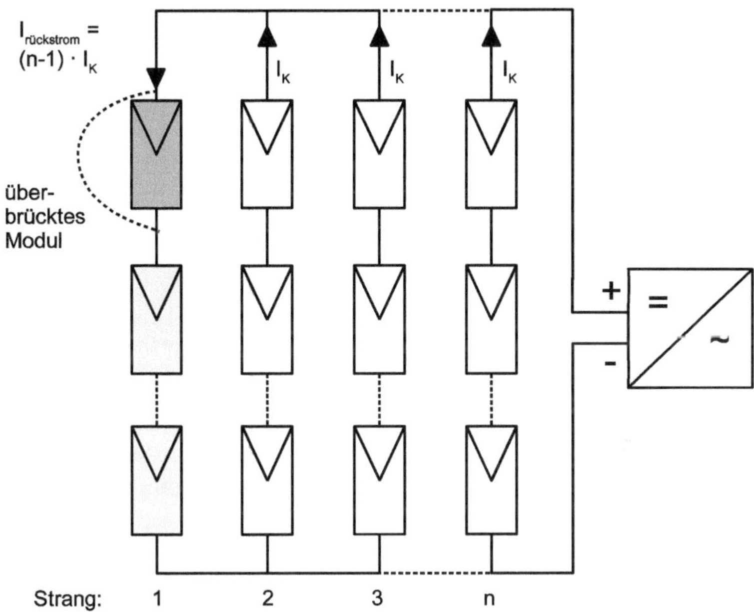

Abb. 5.14 Maximaler Rückstrom beim Kurzschluss eines Strangs

aus der Summe der Kurzschlussströme aller anderen Modulstränge ergibt.

5.2.2 Gebäudebezogene Anlagen

Als gebäudebezogene Anlagen werden allgemein alle Arten von Photovoltaikanlagen bezeichnet, welche auf oder an einem Gebäude installiert werden. Allen in Abb. 5.15 gezeigten Varianten ist gemein, dass in der Regel die Fläche den limitierenden Faktor darstellt. In der Praxis kommt häufig hinzu, dass insbesondere bei Leichtbauhallen und älteren Gebäuden die Tragfähigkeit des Daches eine Nutzung zur solaren Stromerzeugung einschränkt.

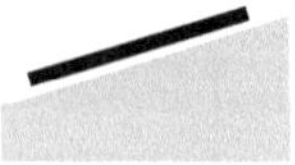	Schrägdach Aufdach	+ keine Eigenverschattung + vollständige Flächennutzung - Ausrichtung nicht immer optimal
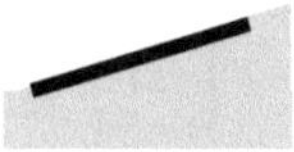	Schrägdach In-Dach	+ keine Eigenverschattung + vollständige Flächennutzung - nur für Dachneubau geeignet - schlechte Hinterlüftung
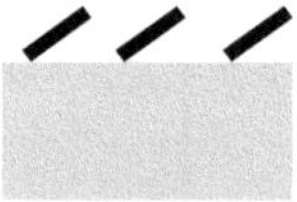	Flachdach Aufdach	+ optimale Neigung + optimale Ausrichtung + gute Hinterlüftung - Eigenverschattung
	Flachdach In-Dach	- keine Selbstreinigung - ungünstige Ausrichtung - schlechte Hinterlüftung
	Fassade	+ Nutzung als Sonnenschutz mit teiltransparenten Modulen + keine Eigenverschattung - ungünstige Ausrichtung - schlechte Hinterlüftung
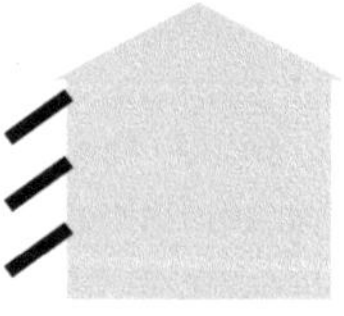	Sonnenschutz-elemente	+ Nutzung als Sonnenschutz + optimale Ausrichtung + gute Hinterlüftung - Eigenverschattung

Abb. 5.15 Arten von gebäudebezogenen Anlagen. (Nach Konrad [2])

Die typische Ausführung einer *Aufdachanlage* stellt die dachparallele Montage auf einem Schrägdach dar. Die Module werden in diesem Fall einige Zentimeter oberhalb der Dachziegel auf einer Unterkonstruktion aus Aluminium oder verzinktem Stahl befestigt. Der Vorteil dieser Montagevariante ist der einfache Aufbau der Unterkonstruktion und dass sich die Module dabei nicht gegenseitig verschatten können. Weiterhin ergibt sich eine homogene Fläche, sodass der Charakter des Gebäudes nur unwesentlich verändert wird. Um Dachunebenheiten auszugleichen und eine gute Hinterlüftung zu gewährleisten, ist die Modulmontage auf einem Kreuzschienenverbund der Montage auf einfachen Quer- oder Vertikalschienen vorzuziehen. Die Unterkonstruktion wird üblicherweise mit Dachhaken an den Dachsparren befestigt. Je nach Art der Dachziegel und der verwendeten Dachhaken kann der Austausch einzelner Dachziegel erforderlich sein. Die Module können aber auch anstelle der Dachziegel integriert werden. Spezielle In-Dach Module können dazu wasserdicht miteinander verbunden werden, sodass diese die Doppelfunktion der Dachabdichtung und der Energieproduktion übernehmen. Nachteilig ist jedoch, dass oftmals keine bzw. nur eine unzureichende Hinterlüftung der Module stattfindet, was zu einer erhöhten Betriebstemperatur führt und den Wirkungsgrad negativ beeinflusst. Wechselrichter und Generatoranschlusskasten werden innerhalb des Gebäudes untergebracht. Der Standort des Wechselrichters sollte ganzjährig kühl und trocken sein, da eine hohe Umgebungstemperatur zu Wirkungsgradverlusten führt. Bei der Standortwahl des Wechselrichters muss zudem darauf geachtet werden, dass der Wechselrichter seine Abwärme abführen kann. Im Falle einer Überhitzung reduziert der Wechselrichter seine Ausgangsleistung, um Schaden am Gerät abzuwenden.

Die *Flachdachmontage* erfolgt typischerweise mit einem Neigungswinkel von 30 bis 40° und einer Ausrichtung nach Süden. Da aufgrund der hintereinander angeordneten Modulreihen eine nicht zu vermeidende gegenseitige Beschattung auftritt, sollte ein ausreichender Abstand zwischen den Reihen eingehalten werden. Für Deutschland stellt bei einem Neigungswinkel von 30° die 3-fache Modullänge b einen guten Kompromiss zwischen Flächenausnutzung und Verschattungsverlusten dar (vgl. Abb. 5.16). Bei einer Verdoppelung dieses Modulreihenabstandes spricht man von einem verschattungsoptimierten Anlagenaufbau.

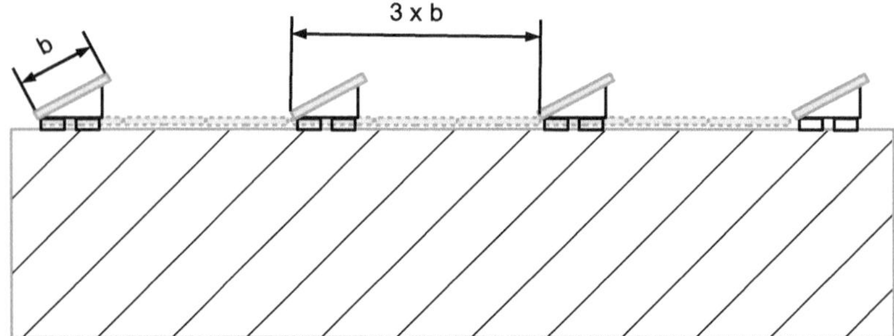

Abb. 5.16 Bei einer Modulneigung von 30° in Deutschland bewährter Modulreihen-abstand

Für Flachdächer existieren ebenfalls In-Dach-Systeme. Meist basieren diese Lösungen auf einem flexiblen Dünnschichtlaminat welches mit der Dachhaut verklebt wird. Die dadurch entstandene unlösbare Verbindung erfordert ein Trägersubstrat, welches für die Lebensdauer der Photovoltaikanlage die Dachdichtigkeit gewährleistet. Garantien für die Dachdichtigkeit werden jedoch häufig nur für 5 bis 10 Jahre gegeben und liegen damit deutlich unter der Lebensdauer der Photovoltaikanlage von mindestens 20 Jahren. In-Dach Lösungen auf Flachdächern haben zudem den Nachteil, dass aufgrund der horizontalen Verlegung der Photovoltaikmodule die spezifische Einstrahlung geringer ausfällt als bei einer aufgeständerten Anlage. Aufgrund des größeren Flächennutzungsfaktors kann der absolute Ertrag jedoch höher ausfallen, was aber nicht zwangsläufig zu einer höheren Wirtschaftlichkeit führt.

Bei der Planung sind neben dem Gewicht der Module und der Unterkonstruktion auch die auftretenden Wind- und Schneelasten zu berücksichtigen. Eine direkte Verbindung der Unterkonstruktion mit dem Dach ist bei Flachdächern häufig unerwünscht, um die Dichtigkeit der Dachhaut nicht zu gefährden. Die Unterkonstruktion muss daher mit Betonplatten oder Kies zusätzlich beschwert werden, um eine Standsicherheit auch bei Sturm zu gewährleisten. Die sich daraus insgesamt ergebenden statischen und dynamischen Dachlasten sind durch einen Statiker zu ermitteln.

5.2.3 Freilandanlagen

Dachflächen für Photovoltaikanlagen mit einer Nennleistung im Megawattbereich stehen nur selten zur Verfügung. Freiflächen, wie Industriebrachen, ehemalige Deponien oder Konversionsflächen bieten die Möglichkeit, zusammenhängend auch größere Photovoltaikleistungen zu installieren. Freilandanlagen können sowohl fest ausgerichtet als auch ein- oder zweiachsig nachgeführt werden. Als Ausführungsform hat sich in Deutschland die feste Ausrichtung etabliert. Wie bereits erwähnt, sollte für fest ausgerichtete Photovoltaikanlagen der Flächennutzungsfaktor höchstens zwischen 0,3 und 0,4 liegen, um übermäßige Verschattungsverluste zu vermeiden. Die Photovoltaikmodule werden dazu auf sogenannten Modultischen montiert (vgl. Abb. 5.17), welche auf Stützpfosten ruhen. Die Stützpfosten werden entweder direkt in den Boden gerammt oder auf Betonfundamenten befestigt. Die Photovoltaikmodule müssen je nach Standort bis zu 1,5 m über dem Boden montiert werden, damit im Winter abrutschender Schnee die unteren Module nicht bedeckt. Da Freilandanlagen häufig auf nichtversiegelten Brachflächen errichtet werden, muss zudem der Bewuchs kurzgehalten werden, um Verschattungen zu vermeiden. Eine erhöhte Modulmontage verlängert die Mähintervalle.

Der genaue Flächenbedarf einer Freilandanlage ist im Wesentlichen von der geplanten Gesamtnennleistung der Anlage, der verwendeten Zelltechnologie, dem Abstand zwischen den Modulreihen sowie der Modulneigung abhängig. Zur genauen Ermittlung des erforderlichen Modulreihenabstandes und des Modulneigungswinkels ist dabei immer eine standortbezogene Ertragssimulation durchzuführen, welche die individuelle Verschattungssituation berücksichtigen sollte.

In Abb. 5.18 ist das aus Abschn. 2.5 bereits bekannte Sonnenstandsdiagramm für den Standort Nordhausen (51,5°N, 10,8°O) dargestellt. Mit Hilfe des Simulationsprogramms PVsyst wurde die Verschattung der Modulreihen ermittelt. Es wurde dazu eine Modulneigung von 30° und als Modulreihenabstand die dreifache Modulflächenbreite gewählt. Die obere gepunktete Linie gibt den Sonnenhöhenwinkel an, den die Sonne erreichen muss, damit keine Verschattung der Modulreihen auftritt. Die beiden unteren gestrichelten Linien kennzeichnen jeweils eine prozentuale Verschattung von 20 % bzw. 40 % der Modulfläche. Diese Verschattungsverluste kommen dann zum Tragen, wenn diese Linien die grau hinterlegte Fläche schneiden, die die Sonnenbahn dargestellt als Sonnenazimut- und Sonnenelevationswinkel im Jahresverlauf wiedergibt. Die beiden schraffierten Flächen an den Rändern geben Positionen der Sonne wieder, die sich auf der Rückseite der Modulebene befinden.

Ein geringer Neigungswinkel führt dazu, dass auch der Modulreihenabstand kürzer gewählt werden kann. Einerseits sinkt dadurch der Flächenbedarf der Photovoltaikanlage, bzw. der Flächennutzungsfaktor steigt. Andererseits verringert sich durch die nicht mehr optimale Ausrichtung auch die auf die Modulfläche treffende Globalstrahlungssumme. Der Einfluss der beiden Parameter Reihenabstand und Neigungswinkel soll durch ein Beispiel verdeutlicht werden: Für eine Freilandanlage am Standort Nordhausen wurden die spezifischen Energieerträge hinsichtlich unterschiedlicher Reihenabstände und Neigungswinkel simuliert. Dabei wurden der Reihenabstand von drei Modulbreiten und der zugehörige Ertrag der mit 30° geneigten Anlage als Referenzwerte gesetzt.

Aus der Darstellung in Abb. 5.19 wird deutlich, dass eine Vergrößerung des Modulreihenabstands nur einen geringen Effekt auf den Ener-

Abb. 5.17 Gestellkonstruktion einer Freilandanlage. (Foto: Steinert)

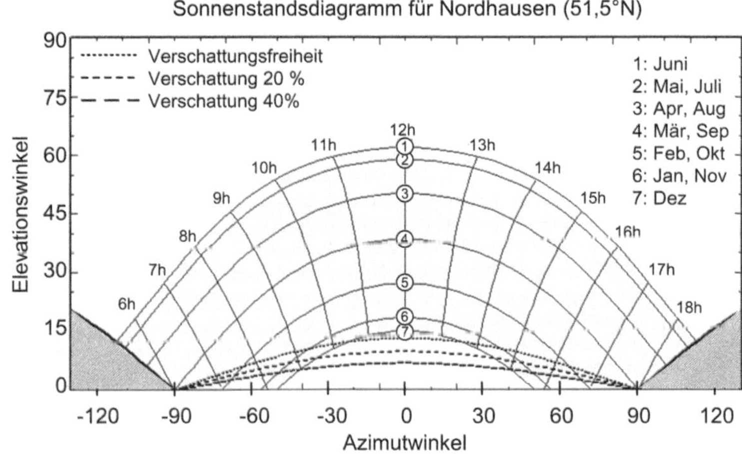

Abb. 5.18 Sonnenstandsdiagramm zur Verschattungsanalyse. (Grafik: PVsyst)

gieertrag hat: Eine Verdoppelung führt je nach Neigungswinkel zu einem Ertragsplus von etwas mehr bzw. etwas weniger als 1 %. Wird der Modulreihenabstand verringert, zeigt sich eine deutliche, verschattungsbedingte Verminderung des jährlichen Anlagenertrags. Diese Ertragsminderung fällt jedoch bei einem reduzierten Modulneigungswinkel von 25° geringer aus. Soll der Modulreihenabstand also vermindert werden, ist es empfehlenswert, gleichzeitig auch den Neigungswinkel zu verringern.

Durch die Verringerung des Modulreihenabstands wird der Flächennutzungsfaktor erhöht, d. h. eine höhere Leistung auf der vorhandenen Fläche installiert. Dadurch kann zwar ein höherer absoluter Energieertrag generiert werden, der spezifische Ertrag und damit die Rentabilität der Photovoltaikanlage nehmen aber ab. Diese Tatsache schlägt sich auch in einem schlechten Systemwirkungsgrad – der sogenannten *Performance Ratio* – nieder. Der wirtschaftliche und energetische Nutzen eines verringerten Modulreihenabstands muss somit in Frage gestellt werden.

Performance Ratio = Systemwirkungsgrad
Die Performance Ratio (*PR*) ist das Verhältnis von real generiertem
Anlagenertrag zu theoretisch möglichem Anlagenertrag.

$$PR = \frac{\text{Realer Anlagenertrag}}{\text{Globalstrahlung} \times \text{Modulfläche} \times \text{Modulwirkungsgrad}}$$

Sie beschreibt damit die Effektivität einer Photovoltaikanlage. In die Berechnung geht neben dem Modulwirkungsgrad und
der Modulfläche auch die Globalstrahlung ein. Daher ermöglicht
diese Größe einen standortunabhängigen Vergleich der Qualität
unterschiedlicher Photovoltaikanlagen. Dazu müssen aber der Be-
trachtungszeitraum und die Mittelung der Datenbasis identisch
sein. Nicht unproblematisch ist die Ermittlung der Globalstrahlung in der Generatorebene. Unterschiede in Messtechnik und
Messintervallen haben einen nicht unerheblichen Einfluss auf das

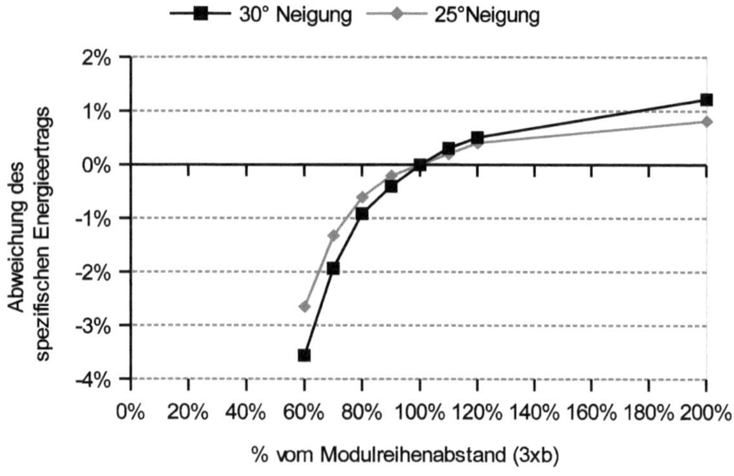

Abb. 5.19 Vergleich der spezifischen jährlichen Anlagenerträge bei variierendem
Modulreihenabstand und einer Modulneigung von 30° bzw. 25°

Messergebnis. Gute Photovoltaikanlagen weisen eine Performance Ratio von 85 bis 90 % auf.

Die Performance Ratio gibt die Qualität einer Photovoltaikanlage wieder. Vergleicht man die spezifischen Erträge unterschiedlicher Photovoltaikanlagen in Tab. 5.2, so entsteht der Eindruck das Anlage C das beste Ergebnis mit 1000 kWh/kW$_p$ liefert. Zieht man jedoch die spezifische Einstrahlung in die Betrachtung mit ein, zeigt sich, dass diese Anlage das schlechteste Ergebnis liefert. Die niedrigere PR kann ein Anzeichen für eine ungünstige Anlagenauslegung bzw. eine dauerhafte Verschattung der Anlage sein. Die Anlagen A und B liefern zwar niedrigere spezifische Erträge, betriebswirtschaftlich wird das hier eingesetzte Kapital jedoch besser ausgenutzt.

Tab. 5.2 Performance Ratio von Photovoltaikanlagen mit unterschiedlichen Einstrahlungen und spezifischen Energieerträgen

Anlage	Spez. Einstrahlung in kWh/m^2	Spez. Ertrag in kWh/kW$_p$	PR in %
A	1050	950	90
B	1100	995	90
C	1176	1000	85

5.3 Auslegung von Inselanlagen

Bei Photovoltaik-Inselanlagen handelt es sich um Systeme ohne Anschluss an das elektrische Versorgungsnetz. Man unterscheidet mobile und stationäre Systeme. Beispiele für mobile Systeme sind Geräte aus dem Elektronikbereich wie solar betriebene Taschenrechner oder Uhren sowie Solarfahrzeuge. Stationäre Systeme dienen zur Versorgung netzferner Verbraucher wie Signalanlagen, Wohngebäuden oder Trinkwasserpumpen.

Größere Inselsysteme beinhalten in der Regel einen elektrischen Energiespeicher in Form von Batterien, um Energieangebot und Energienachfrage miteinander in Deckung zu bringen. Eine Ausnahme stellen photovoltaische Pumpensysteme dar, da hier ein Wasserhochbehälter die

Speicherfunktion übernehmen kann. In Abb. 5.20 ist der Aufbau eines Inselsystems skizziert. Der Batteriespeicher ist über einen Laderegler mit dem Inselnetz verbunden. Dieser übernimmt Überwachungsfunktionen hinsichtlich Überladung und Tiefentladung. Inselnetze können auch als Gleichstromnetze aufgebaut werden, so dass der Wechselrichter entfallen kann. In diesem Fall können dann ausschließlich Gleichstromverbraucher betrieben werden.

Eine Mischform stellen sogenannte *Backup-Systeme* dar. Im Falle einer Netzstörung übernimmt die Photovoltaikanlage eine Notstromfunktion und stellt den unterbrechungsfreien Betrieb der angeschlossenen Verbraucher sicher. Hierfür sind spezielle Backup-Wechselrichter am Markt verfügbar. Kombiniert sind diese Systeme ebenfalls mit einer Batterie. Ist dieser vollständig aufgeladen, kann die überschüssige Energie in das öffentliche Stromnetz eingespeist werden.

Die Auslegung eines Inselsystems muss sich an dem Monat mit dem geringsten Strahlungsangebot orientieren. Dies betrifft sowohl die Generatorfläche als auch die Ausrichtung der Module. Dies führt häufig zu einer deutlichen Überdimensionierung des Systems in den einstrahlungsstärkeren Monaten. Der Energiespeicher sollte eine Autonomiezeit von 3 bis 6 Tagen ermöglichen, d. h. im geladenen Zustand den Energiebedarf von 3 bis 6 Tagen decken und damit auch längere Schlechtwetterperioden überbrücken können. Eine genaue Energiebedarfsanalyse ist daher zwingend erforderlich.

Die Dimensionierung einer Inselanlage erfolgt in drei Schritten. Um die Größe der Photovoltaikanlage festlegen zu können, muss zunächst der durchschnittliche tägliche Energiebedarf ermittelt werden. Anhand

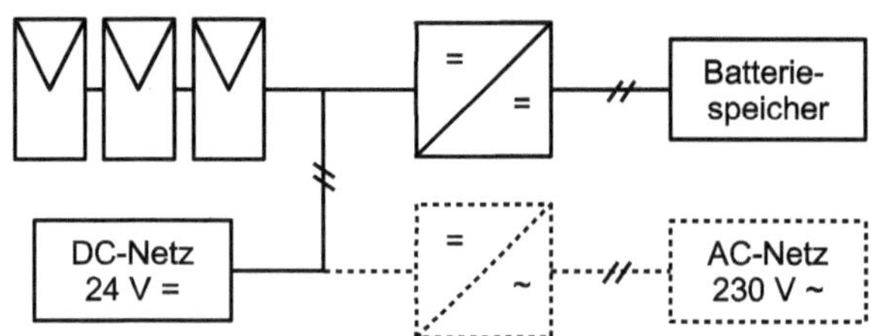

Abb. 5.20 Aufbau eines Inselnetzes

des Energiebedarfs kann dann mittels der gewünschten Autonomiezeit die Größe des Energiespeichers festgelegt werden. Um die Leistung des Solargenerators an den Energiebedarf anzupassen ist schließlich noch die Kenntnis der Globalstrahlung am Standort erforderlich.

5.3.1 Ermittlung des Energiebedarfs

Der erste Schritt bei der Auslegung einer Inselanlage ist die Ermittlung des Energiebedarfs. Eine Aufstellung der einzelnen Verbraucher, deren Betriebsdauer sowie Leistungsaufnahme identifiziert zudem die größten Verbraucher und zeigt mögliche Energieeffizienzmaßnahmen auf. Ist ein ganzjähriger Betrieb des Inselnetzes vorgesehen, muss der Energiebedarf möglichst nach Monaten, Jahreszeiten oder mindestens für die Extremfälle Sommer und Winter erfasst werden. Das Beispiel in Tab. 5.3 zeigt,

Tab. 5.3 Energiebedarf eines Gebäudes einfacher Ausstattung

Verbraucher	Nennleistung in W	Tägliche Betriebszeit in h		Täglicher Verbrauch in Wh	
		Sommer	Winter	Sommer	Winter
3 Lampen im Wohnraum	$3 \times 7 = 21$	1	3	21	63
Außenbeleuchtung	20	2	4	40	80
Kühlschrank	50	6 (zyklisch)	Außer Betrieb	300	Außer Betrieb
Radio	15	4	4	60	60
Fernseher	45	2	2	90	90
Sat-Receiver	45	2	2	90	90
Ladegerät für Handy	35	2 (alle 7 Tage)	2 (alle 7 Tage)	10	10
Wasserpumpe (Brauchwasser)	250	0,5	0,5	125	125
Wasserpumpe (Bewässerung)	250	1	Außer Betrieb	250	0
Gesamt	**481**			**986**	**518**

dass die nach Sommer und Winter getrennte Erfassung des Energiebedarfs eines ganzjährig genutzten, netzfernen Gebäudes einfacher Ausstattung ein differenziertes Verbrauchsprofil aufdeckt. Im Winter kann der Kühlschrank und die Wasserpumpe zur Gartenbewässerung abgeschaltet werden, so dass etwa die Hälfte des Energiebedarfs eingespart werden kann. Wenngleich der Energiebedarf zur Beleuchtung ansteigt, ist der tägliche Gesamtenergiebedarf im Winter immer noch deutlich geringer als im Sommer. Dadurch können der Photovoltaikgenerator und der Akkumulator entsprechend kleiner dimensioniert werden.

5.3.2 Auslegung des Energiespeichers

Als Energiespeicher werden in Inselanlagen vornehmlich Batteriespeicher eingesetzt. Ihre Aufgabe besteht darin, die Ungleichzeitigkeit von Energieangebot und Energieverbrauch auszugleichen. Die Kapazität des Akkus wird der gewünschten Versorgungssicherheit angepasst. Eine angemessene Autonomiezeit für den Sommer liegt zwischen 2 und 3 Tagen, im Winter zwischen 3 und 6 Tagen [1]. Diese Zeiten müssen jedoch an die standortbedingten klimatischen Gegebenheiten angepasst werden.

Für die Speicherung elektrischer Energie in Inselanlagen stehen spezielle *Solarbatterien* zur Verfügung. Sie zeichnen sich durch eine hohe Speicherkapazität, eine hohe Zyklenfestigkeit, eine geringe Selbstentladung sowie einen wartungsarmen Betrieb aus. Solarbatterien sind insbesondere dafür ausgelegt, eine hohe Anzahl von Ladezyklen zu überstehen. Die Folge ist jedoch ein höherer Innenwiderstand der Solarbatterie, weshalb sie nicht für die Entnahme von hohen Strömen geeignet ist. Das unterscheidet sie von Starterbatterien, wie sie im Automobilbereich eingesetzt werden. Diese sind dafür ausgelegt, für kurze Zeiträume hohe Ströme zu liefern. Werden Starterbatterien häufig mehr als 10 % ihrer Speicherkapazität entnommen, lagert sich an den Bleiplatten Bleisulfat ab. Die Folge ist eine stetige Reduzierung der Kapazität.

Im Solarbereich kommen häufig Blei-Säure- bzw. Blei-Gel-Akkumulatoren zum Einsatz. Trotz der mehr als doppelt so hohen Anschaffungskosten überwiegen in der Regel die Vorteile einer Gelbatterie. Sie ist absolut wartungsfrei, weist eine geringe Eigenentladung auf, ist zyklen-

Tab. 5.4 Ermittlung der erforderlichen Speicherkapazität

	Tägl. Energie-bedarf	Autonomie-zeit	Energiebedarf (Autonomiezeit)	Erforderliche Speicherkapazität
Sommer	986 Wh/d	3 Tage	2,96 kWh	5,92 kWh
Winter	518 Wh/d	6 Tage	3,11 kWh	6,22 kWh

fester und damit langlebiger. Eine ausführliche Anleitung zur Auswahl und Dimensionierung von Solarbatterien kann [3] entnommen werden.

Die Ladekapazität einer Batterie ist stark von der Höhe des Entladestroms abhängig. Je höher dieser ist, desto geringer ist die nutzbare Kapazität. Um eine angemessene Akkulebensdauer zu gewährleisten, kann im Mittel mit einer Entladekapazität von 50 % gerechnet werden, sodass die doppelte Speicherkapazität im Vergleich zum Energiebedarf vorgehalten werden muss [1]. Für das Beispiel aus Tab. 5.3 ergibt sich unter der Festlegung einer Autonomiezeit von 3 Tagen im Sommer und 6 Tagen im Winter gemäß Tab. 5.4 eine erforderliche Speicherkapazität von 6,2 kWh. Die Batteriekapazität wird jedoch in Ah angegeben, sodass hier in Abhängigkeit des Gleichspannungsniveaus eine Umrechnung erfolgen muss.

Umrechnung von Kilowattstunde in Ampèrestunde
Die Einheit kWh ist eine Energieeinheit und entspricht der Energie, die bei einer elektrischen Leistung von einem Kilowatt in einer Stunde umgesetzt wird. Die elektrische Leistung ergibt sich aus dem Produkt von Strom und Spannung. Teilt man den Wert des Energiebedarfs durch den Wert der Gleichspannung des Systems, so erhält man den entsprechenden Wert in Ah. In Tab. 5.5 sind für typische Systemspannungen in Gleichstromnetzen Umrechnungsfaktoren angegeben.

Tab. 5.5 Umrechnung von 1 kWh in Ah in Abhängigkeit der Systemspannung

	12 V	24 V	36 V	48 V	96 V
Ah	83,3	41,7	27,8	20,8	10,4

Die Ergebnisse in Tab. 5.5 legen nahe, dass eine Erhöhung der Systemspannung eine Reduzierung der Batteriekapazität zur Folge hat. Die Verdoppelung der Spannung hat jedoch auch eine Verdoppelung der Anzahl der Batteriezellen zur Folge. Der vermeintliche Speichervorteil wird dadurch wieder aufgehoben. Durch die Erhöhung der Systemspannung kann jedoch bei gleichem Leistungsumsatz die erforderliche Stromstärke gesenkt werden. Das macht in der Folge kleinere Kabelquerschnitte erforderlich.

Solarbatterien werden als kompakte Einheiten mit einer Nennspannung von 12 V angeboten, wobei die Speicherkapazität variieren kann. Stellt sich während des Anlagenbetriebes heraus, dass die Speicherkapazität zu gering ist, kann sie problemlos durch eine weitere Batterie erweitert werden. Soll das Spannungsniveau dabei unverändert bleiben, wird die Batterie zur Erweiterung parallel an die vorhandenen Speichereinheiten angeschlossen.

5.3.3 Auslegung des Photovoltaikgenerators

Die Ermittlung der Globalstrahlungssumme und die Auslegung des Solargenerators erfolgt analog zum Vorgehen bei netzgekoppelten Anlage mit Hilfe einer Planungssoftware, wie beispielsweise das bereits erwähnte online-Werkzeug PVGIS [4]. Häufig werden Inselanlagen auf den Monat der geringsten Einstrahlung ausgelegt. Dazu kann es angebracht sein, den Neigungswinkel der Photovoltaikmodule an diesen Monat anzupassen. Eine Auslegung auf die Wintermonate lässt sich für Deutschland mit einem Anstellwinkel von etwa 60° realisieren. Dadurch erhöht sich die Globalstrahlungssumme in der Generatorebene in den Wintermonaten, während sie in den einstrahlungsstärkeren Sommermonaten aufgrund des dann ungünstigeren Neigungswinkels abnimmt (vgl. Abb. 2.11).

Für das in den vorangegangenen Abschnitten behandelte Beispiel eines Gebäudes einfacher Ausstattung soll abschließend eine überschlägige Auslegung des Photovoltaikgenerators vorgenommen werden. Geht man für den einstrahlungsärmsten Monat Dezember von einer mittleren täglichen Globalstrahlung von $0,5\,\mathrm{kWh/m^2}$ aus (was in etwa dem langjährigen Mittel für Deutschland entspricht), so ist bei einem Systemwirkungsgrad von $11\,\%$ eine Modulfläche von $9,5\,\mathrm{m^2}$ nötig. Dies entspricht einer Nennleistung von etwas mehr als $1\,\mathrm{kW_p}$.

5.4 Wirtschaftlichkeit von Photovoltaikanlagen

Die Wirtschaftlichkeit von Photovoltaikanlagen ist weiterhin stark von Markteinführungsprogrammen wie dem in Deutschland geltenden Erneuerbare-Energien-Gesetz (EEG) abhängig. Der Erfolg dieser Markteinführungsprogramme lässt sich an keiner Technologie deutlicher ablesen als an der Photovoltaik: seit 2004 ist die Einspeisevergütung für photovoltaisch erzeugten Strom um etwa drei Viertel gesunken. Im Bereich der Haushaltskunden wurde 2012 Netzparität erreicht. Der überwiegende Anteil dieser Kostendegression geht dabei auf die gesunkenen Modulpreise zurück.

5.4.1 Investitionskosten

Die Kosten für eine Photovoltaikanlage werden in der Regel auf die installierte Leistung bezogen und sind von der Anlagengröße abhängig. Mit Hilfe der so gebildeten *spezifischen Kosten* (in $\text{€}/\mathrm{kW_p}$) lassen sich dann beispielsweise unterschiedliche Technologien miteinander vergleichen. Angaben zu Preisen, die in regelmäßigen Abständen in verschiedenen Medien veröffentlicht werden, müssen sorgfältig auf Aktualität, Währungsangabe und ob sie sich auf Modul- oder Systemkosten beziehen, überprüft werden. *Modulpreise* werden häufig in US-Dollar pro $\mathrm{W_p}$ angegeben, so dass der Wechselkurs hierbei nicht vernachlässigt werden darf. Des Weiteren gelten Modulpreise häufig ab Werk, d. h. insbesondere bei Modulen aus asiatischer oder amerikanischer Produktion müssen die anfallenden Frachtkosten berücksichtigt werden. Für den Endverbraucher bzw. Investor ist der *Systempreis* von besonderem Interesse. Dieser Preis stellt den tatsächlichen Anlagenkomplettpreis dar, enthält also die Kosten für Module und Unterkonstruktion, Wechselrichter und Anschlusskästen, Verkabelung und Anschluss sowie Transport und Montage.

Die Systempreise werden hauptsächlich von den Modul- und Wechselrichterpreisen dominiert (vgl. Abb. 5.1). Die Modulpreise sind in den vergangenen Jahren stark gefallen; so war alleine im Jahr 2011 aufgrund von Überkapazitäten ein Preisverfall von über 30 % zu beobachten. Die Wechselrichterpreise sind dagegen weitestgehend konstant. Die Preisentwicklung ist wie bei jeder anderen Technologie auch von Angebot und Nachfrage geprägt. Die durchschnittlichen Angebotspreise für Photovoltaikanlagen in den letzten Jahren sind in Abb. 5.21 dargestellt. Eine stetige Preisabnahme ist deutlich zu erkennen, die sich vermutlich die nächsten Jahre in abgeschwächter Form fortsetzen wird. Je größer eine Photovoltaikanlage ist, desto geringer ist der Systempreis. Das liegt vor allem daran, dass bei der Beschaffung von größeren Mengen an Photovoltaikmodulen ein wesentlich günstigerer Preis ausgehandelt werden kann.

Der Preis einer Photovoltaikanlage ist jedoch nicht nur von der Anlagengröße abhängig. Weitere Faktoren bei der Preisbildung stellen die eingesetzte Zelltechnologie und das Wechselrichterkonzept dar. Höhere Modulwirkungsgrade gehen dabei meist mit höheren spezifischen Kosten einher. Die Mehrkosten können aber in der Regel durch den geringeren Flächenbedarf, bzw. durch die Erhöhung der installierten Leistung auf derselben Fläche ausgeglichen werden. Im Bezug auf die Zelltechnologie ist in den letzten Monaten allerdings eine deutliche Annäherung zu erkennen. Dünnschichtsolarmodule sind durch einen geringeren Wirkungsgrad als kristalline Module gekennzeichnet. Ihr Preis war aufgrund von geringeren Herstellungskosten jedoch deutlich geringer. Zu Beginn des Jahres 2011 betrug die Differenz zwischen den spezifischen Kosten von amorphen Dünnschichtmodulen und monokristallinen Modulen noch rund 25 %. Bis zur Jahresmitte hatte sich die Differenz auf 10 % verringert. Für einen Strangwechselrichter mussten 2014 etwa 110 €/kW, für einen zentralen Wechselrichter 80 €/kW Wechselrichterleistung eingeplant werden. Das Angebot von Modulwechselrichtern und DC/DC-Optimierern hat in den letzten Jahren stark zugenommen. Das

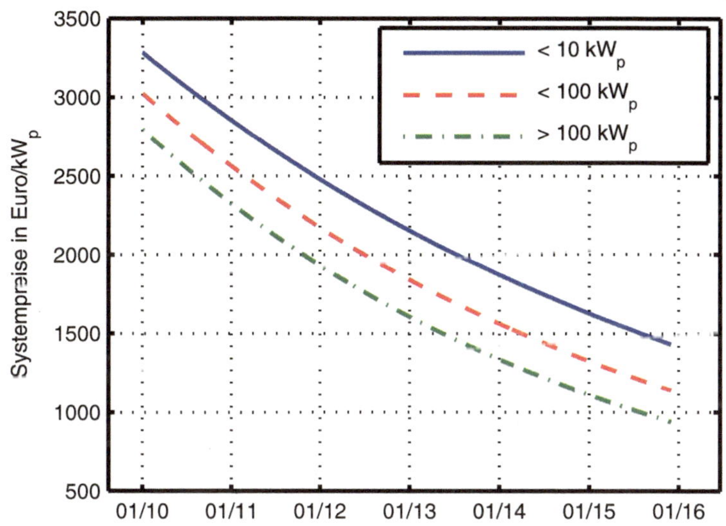

Abb. 5.21 Preisentwicklung der durchschnittlichen Systempreise für netzgekoppelte Photovoltaikanlagen

Tab. 5.6 Marktanteile, Wirkungsgrad und spezifische Kosten von Wechselrichtern für den Betrieb von Photovoltaikanlagen (Stand: 2014/2015). (Burger [5])

Wechselrichtertyp	Wirkungsgrad in %	Marktanteil in %	Spez. Kosten in €/kW	Leistungsbereich in kW
Strangwechselrichter	< 98	41	110	< 100
Zentralwechselrichter	< 98,5	57	80	> 100
Modulwechselrichter	90–95	1,5	350	0,1–0,6
DC/DC Optimierer	< 98,8	k. A.	100	0,1–0,6

MPP-Tracking erfolgt dabei auf Modulebene wodurch Mismatchingverluste reduziert werden. Trotz des zunehmenden Marktangebots sind hierfür noch vergleichsweise hohe Anschaffungskosten aufzuwenden (vgl. Tab. 5.6). Der Einsatz eines DC/DC-Optimierers ersetzt nicht den Wechselrichter, sodass hier zusätzliche Kosten anfallen.

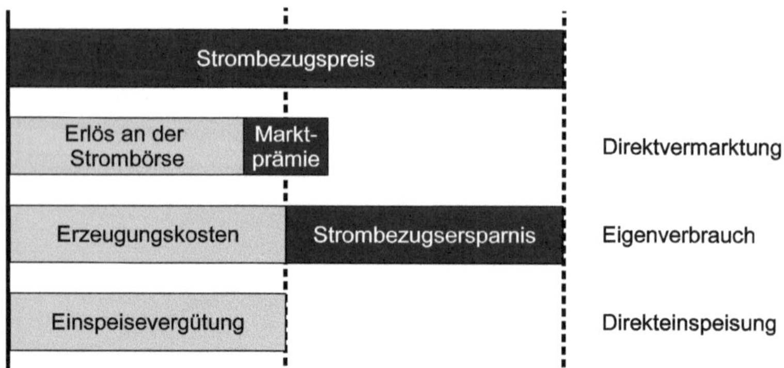

Abb. 5.22 Möglichkeiten zur Vermarktung von Strom aus Photovoltaikanlagen nach dem EEG 2014. Zum Vergleich ist das Verhältnis zum durchschnittlichen Strombezugspreis für Haushaltskunden (Stand: 2015) dargestellt

5.4.2 Vergütung des erzeugten Solarstroms

Elektrische Energie aus Photovoltaikanlagen kann gemäß EEG auf drei Arten gefördert werden (vgl. Abb. 5.22). Die einfachste Variante ist die Direkteinspeisung der gesamten Energie in das öffentliche Stromnetz. Für jede Kilowattstunde eingespeisten Strom wird eine zum Zeitpunkt der Inbetriebnahme festgelegte Einspeisevergütung vom Netzbetreiber gezahlt. Der Anspruch besteht für 20 Jahre. Die Frist beginnt unabhängig vom Tag der Inbetriebnahme ab dem 01. Januar des Folgejahres. Eine fixe Einspeisevergütung kann jedoch derzeit nur bis zu einer Gesamtnennleistung von $100\,\text{kW}_\text{p}$ in Anspruch genommen werden.

Als zweite Variante kommt der sogenannte Eigenverbrauch in Betracht. Dabei wird der erzeugte Strom vollständig oder teilweise – ohne Nutzung des öffentlichen Stromnetzes – selbst verbraucht. Der Anteil des nicht selbst verbrauchten Stroms wird in das öffentliche Stromnetz eingespeist. Für diesen Anteil besteht ein Anspruch auf die Einspeisevergütung. Der im eigenen Netz verbrauchte Strom wird hingegen nicht durch das EEG gefördert. Die Direktvermarktung des erzeugten Stroms stellt die dritte Variante dar. Sie ist ab einer Gesamtnennleistung von über $100\,\text{kW}_\text{p}$ verpflichtend. Dabei wird der Strom über einen sogenannten

Direktvermarkter an der Strombörse gehandelt. Der Erlös setzt sich dabei aus den Veräußerungsgewinnen an der Strombörse und ggf. aus einer Marktprämie, die zusätzlich gezahlt werden kann, zusammen. Besteht keine Verbindung zum öffentlichen Stromnetz erfolgt keine Förderung durch das EEG.

Gesamtnennleistung im Sinne des EEG
Werden innerhalb von 12 Monaten mehrere Anlagen auf demselben Grundstück oder Gebäude errichtet, wird unabhängig von den Eigentumsverhältnissen die *Gesamtnennleistung* aus der Summe der Einzelleistungen bestimmt und eine Direktvermarktung kann verpflichtend werden. Dadurch wird verhindert, dass Mechanismen des EEG zur Integration von Strom aus erneuerbaren Energien in den Strommarkt ausgehebelt bzw. umgangen werden.

Die Höhe der Einspeisevergütung richtet sich nach der Art der Anlage und der installierten Leistung. Des Weiteren ist der Monat der Inbetriebnahme maßgebend für die Festsetzung der Höhe der Einspeisevergütung. Die im derzeit geltenden Erneuerbare-Energien-Gesetz EEG 2014 festgeschriebene Vergütung unterliegt einem atmenden Deckel: In Abhängigkeit der in zwölf Monaten installierten Photovoltaikleistung wird der Vergütungssatz um einen bestimmten Prozentsatz monatlich reduziert. Für die Ermittlung der Zubaurate sind die Anlagenbetreiber verpflichtet, die installierte Leistung an die Bundesnetzagentur zu melden. Die Bundesnetzagentur veröffentlicht die Zubaurate der vergangenen zwölf Monate und die daraus resultierende, für drei Monate geltende monatliche Vergütungsabsenkung. Das EEG sieht eine Grundabsenkung von monatlich 0,5 % vor. Unterschreitet die Zubaurate den Zielkorridor von 2400 bis 2600 MW$_p$ um mehr als 900 MW$_p$ erfolgt keine Vergütungsabsenkung in den folgenden drei Monaten. Wird er um mehr als 1400 MW$_p$ unterschritten erhöhen sich die Vergütungssätze um einmalig 1,5 % und bleiben für zwei Monate konstant. Bei einem Überschreiten des Zubaukorridors wird die Vergütungsabsenkung schrittweise auf bis zu 2,8 % erhöht. Seit Inkrafttreten des EEG 2014 erfolgte im vierten Quartal 2015 erstmals keine Vergütungsabsenkung. Die Einspeisevergütungen für unterschiedliche Anlagentypen und -größen sind für die letzte Hälfte des Jahres 2015 in Tab. 5.7 aufgeführt.

Übersteigt die Gesamtleistung einer Photovoltaikanlage $100\,kW_p$, besteht kein Anspruch auf eine feste Einspeisevergütung. Hier sieht das EEG die Direktvermarktung nach dem sogenannten *Marktprämienmodell* vor. Dabei wird der erzeugte Strom über einen Direktvermarkter an der Strombörse verkauft. Da der verfügbare Strom den natürlichen Strahlungsschwankungen unterliegt ist ein relativ hoher Aufwand für die Vorhersage notwendig. Ist die Prognose für den verkauften Strom fehlerhaft muss entsprechende Ersatzleistung bereitstehen. Das Vorhalten der Ersatzleistung sowie der Prognoseaufwand sind mit zusätzlichen Kosten verbunden, welche durch die Marktprämie ausgeglichen werden sollen. Die Marktprämie errechnet sich aus der Differenz der theoretisch anzuwendenden Einspeisevergütung und dem *Monatsmarktwert* für solare Strahlungsenergie an der Strombörse EPEX SPOT SE in Paris:

$$\text{Marktprämie} = \text{Einspeisevergütung} - \text{Monatsmarktwert.}$$

Übersteigt der Monatsmarktwert die Einspeisevergütung, so entfällt die Marktprämie. Erzielt der Anlagenbetreiber einen höheren Preis als den Monatsmarktwert kann er durch die Direktvermarktung einen höheren Gewinn erzielen. Es besteht aber auch das Risiko, dass der Erlös an der Strombörse niedriger als der Monatsmarktwert ausfällt. Um dieses

Tab. 5.7 Einspeisevergütung in ct/kWh für Photovoltaikanlagen bis $500\,kW_p$ mit Inbetriebnahme zwischen Juni und Dezember 2015. Ab 01.01.2016 wird eine feste Einspeisevergütung nur noch bis zu einer Anlagenleistung von $100\,kW_p$ gewährt

Inbetriebnahme-monat	Photovoltaikanlagen an, in oder auf Gebäuden			Freiflächen-anlagen
	Bis $10\,kW_p$	Bis $40\,kW_p$	Bis $500\,kW_p$	Bis $500\,kW_p$
01.06.2015	12,40	12,06	10,79	8,59
01.07.2015	12,37	12,03	10,76	8,57
01.08.2015	12,34	12,00	10,73	8,55
01.09.2015	12,31	11,97	10,71	8,53
01.10.2015	12,31	11,97	10,71	8,53
01.11.2015	12,31	11,97	10,71	8,53
01.12.2015	12,31	11,97	10,71	8,53

Risiko zu minimieren ist eine möglichst genaue Prognose des erzeugten Stroms erforderlich. Je planbarer die Stromerzeugung von Photovoltaikanlagen ist, desto besser lassen sich große Mengen von Solarstrom in den Markt integrieren und senken die erforderliche Ersatzleistung in Form von konventionellen Kraftwerken. Anlagenbetreiber können jeweils zum Monatsersten die Veräußerungsform wechseln. Dazu muss jedoch einen Monat im Voraus der Netzbetreiber informiert werden. Das gilt auch dann, wenn der Strom zeitweise ohne Förderung vermarktet wurde. Ferner ist diese Regelung auch auf Teilanlagen anwendbar, sofern die prozentuale Aufteilung der Strommengen jederzeit der entsprechenden Veräußerungsform zugeordnet werden kann.

Die Errichtung einer Photovoltaikanlage erfordert eine relativ hohe Investitionssumme. Dieser Investitionssumme steht ein vergleichsweise langer Kapitalrückfluss über 20 Jahre gegenüber. Aufgrund der langen Nutzungsdauer sind statische Berechnungsverfahren für Wirtschaftlichkeitsbetrachtungen einer Photovoltaikanlage ungeeignet, da sie eine Kapitalverzinsung nicht berücksichtigen. Mit Hilfe der *Kapitalwertmethode* kann eine mittlere jährliche Rendite – der interne Zinsfuß – der Anfangsinvestition bestimmt werden. Er entspricht genau dem effektiven Zinssatz, den die Investition nach der Betriebszeit erwirtschaftet hat. Dazu wird die Anfangsinvestition mit der Summe der abgezinsten jährlichen Erlöse in ein Verhältnis gesetzt. Das Ergebnis wird als Kapitalwert C_W bezeichnet.

$$C_W = -K_{INV} + g \cdot b_F$$

Weiterhin gehen ein: die Anfangsinvestition K_{INV}, die hier als gleichbleibend vorausgesetzten jährlichen Erlöse g und der Barwertfaktor b_F. Letzterer wird aus dem effektiven Zinssatz z_{eff} und der Betriebsdauer T berechnet:

$$b_F = \frac{1 - (1 + z_{eff})^{-T}}{z_{eff}}$$

Der effektive Zinssatz ist dabei die gesuchte Größe und kann durch eine iterative Berechnung mittels eines Tabellenkalkulationsprogramms bestimmt werden. Der korrekte Wert für z_{eff} liegt dann vor, wenn der Kapitalwert gleich Null ist.

Beispiel

Reine Netzeinspeisung

Für eine Beispielrechnung soll zunächst eine typische Photovoltaikanlage auf einem Einfamilienhaus mit einer Nennleistung unter $10\,\mathrm{kW_p}$ betrachtet werden, die die erzeugte elektrische Energie vollständig in das Netz einspeist. Energieertrag und Investitionskosten haben einen maßgeblichen Einfluss auf die Anlagenrentabilität. Um diesen Effekt zu veranschaulichen wurde eine Inbetriebnahme am 01. Dezember 2015 durchgerechnet. Die Einspeisevergütung wurde in diesem Beispiel mit $12{,}31\,\mathrm{ct/kWh}$ angesetzt. Als mittlerer jährlicher Energieertrag kann in Deutschland von etwa $950\,\mathrm{kWh/kW_p}$ ausgegangen werden. Weiterhin wurde mit einem Wartungsaufwand von $1{,}5\,\%$ der Investitionskosten pro Jahr gerechnet. In Abb. 5.23 sind die Ergebnisse für Investitionskosten zwischen 750 und $2000\,\mathrm{\text{\euro}/kW_p}$ sowie für spez. Energieerträge von 800 bis $1000\,\mathrm{kWh/kW_p/Jahr}$ dargestellt. Eine negative Rendite entspricht dabei einem finanziellen Verlust. Der Geldwertverlust durch Inflation ist dabei nicht gesondert berücksichtigt und muss von der Anlagenrendite aufgefangen werden.

Die Kurvenverläufe aus Abb. 5.23 sollen im Folgenden für eine konkrete Anlagenkonfiguration durchgerechnet werden. Für eine Photovoltaikanlage mit einer Leistung kleiner $10\,\mathrm{kW_p}$, die am 01. Dezember 2015 in Betrieb genommen wurde, ergibt sich gemäß Tab. 5.6 und einem spezifischen Ertrag von $950\,\mathrm{kWh/kW_p}$ eine durchschnittliche jährliche Vergütung von $116{,}95\,\mathrm{\text{\euro}/kW_p}$. Die Betriebszeit T ist durch die gesetzlich garantierte Einspeisevergütungsdauer von 20 Jahren vorgegeben. Mit Investitionskosten von $1200\,\mathrm{\text{\euro}/kW_p}$ ergibt sich dann eine effektive Verzinsung von $7{,}4\,\%$. Berücksichtigt man eine regelmäßige Wartung der Photovoltaikanlage, so mindern sich die jährlichen Erlöse. Setzt man für die jährlichen Wartungskosten $1{,}5\,\%$ der Investitionssumme an, ergibt sich ein effektiver Jahreszins von $5{,}3\,\%$, der auch in Abb. 5.23 abgelesen werden kann.

Ferner sollte bei der Ermittlung der jährlichen Vergütung eine Moduldegradation berücksichtigt werden. Diese beträgt üblicherweise zwischen 0,1 und $0{,}3\,\%$ im Jahr. Für konservative Berechnungen sollte jedoch ein Worst-Case-Szenario mit $1\,\%$ jährlichem Leistungsverlust

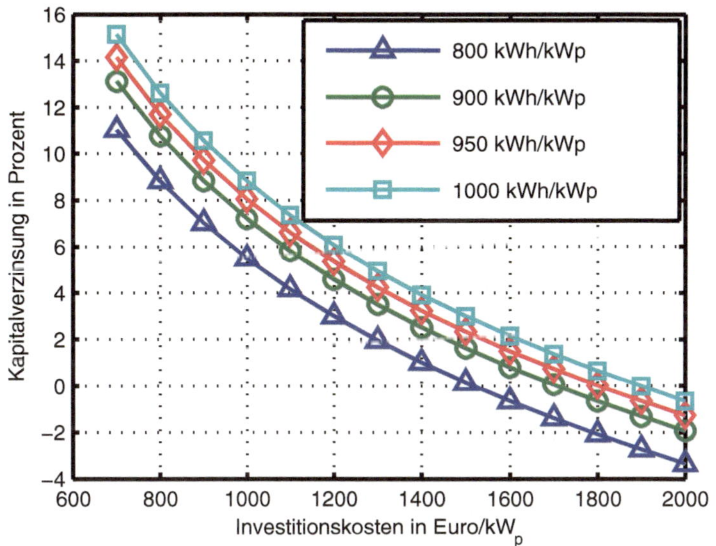

Abb. 5.23 Effektiver Zinssatz nach 20 Jahren reiner Netzeinspeisung in Abhängigkeit der spezifischen Investitionskosten und des Energieertrags. Die Wartungskosten wurden mit jährlich 1,5 % der Investitionskosten angenommen

kalkuliert werden, da dieser Wert den Leistungsgarantien der Modulhersteller entspricht. Dies führt zu einer Verminderung des berechneten effektiven Zinssatzes von rund 1 %. Unter Berücksichtigung aller genannten Faktoren sowie einer Inflationsrate von 2 % lassen sich bei reiner Netzeinspeisung mit einer festgelegten Einspeisevergütung derzeit nur positive Renditen erwirtschaften, wenn die Anlage unter einem spezifischen Preis von 1500 €/kW$_p$ errichtet werden kann.

Verbraucht man den erzeugten Strom teilweise oder vollständig selbst, spricht man vom sogenannten Eigenverbrauch. Der Bezugspreis für Haushaltsstrom liegt mit ca. 28 ct/kWh deutlich über der Einspeisevergütung. Wird der erzeugte Solarstrom direkt im eigenen Netz verbraucht spart man den entsprechenden Strombezug aus dem öffentlichen Stromnetz ein. Die Differenz von Strombezugspreis und Einspeisevergütung kann in diesem Fall als zusätzlicher Gewinn aufgefasst werden. Übersteigt die Anlagenleistung $10\,kW_p$ kann der Netzbetreiber vom Anlagenbetreiber anteilig 30 bis 40 % der EEG-Umlage für den selbst verbrauchten Strom einfordern. Selbst verbrauchter Strom von kleineren Anlagen ist bis zu einer direkt verbrauchten Energiemenge von 10.000 kWh pro Jahr vollständig von der EEG-Umlage befreit.

Eigenverbrauch

Von Eigenverbrauch spricht man, wenn der erzeugte Strom ohne Nutzung des öffentlichen Stromnetzes direkt am Ort der Erzeugung (im Hausnetz) verbraucht wird. Dabei wird zwischen Eigenverbrauchsquote EV_q und Autarkiegrad A_g unterschieden:

$$EV_q = \frac{\text{Eigenverbrauch [kWh]}}{\text{PV Stromerzeugung [kWh]}}$$

$$A_g = \frac{\text{Eigenverbrauch [kWh]}}{\text{Energieverbrauch [kWh]}}$$

Die Eigenverbrauchsquote gibt den Anteil des selbst verbrauchten Stroms an, wohingegen der Autarkiegrad das Maß für die Unabhängigkeit vom öffentlichen Stromnetz ist. Eine Eigenverbrauchsquote von 100 % bedeutet, dass der gesamte photovoltaisch erzeugte Strom im eigenen Hausnetz verbraucht wurde. Dieser Wert allein ermöglicht jedoch keinen Rückschluss auf den Strombezug aus dem öffentlichen Stromnetz. Ein Autarkiegrad von 30 % bedeutet, dass dieser Anteil des Gesamtstrombedarfs mit Hilfe der Photovoltaikanlage gedeckt werden kann und 70 % aus dem öffentlichen Stromnetz bezogen werden müssen. Ein Wert von 100 % entspricht demnach einer vollständigen Eigenversorgung.

Die Eigenverbrauchsquote ist in hohem Maße vom tatsächlichen Stromverbrauch und der damit korrespondierenden photovoltaischen Stromerzeugung abhängig. Der Stromverbrauch wird zwar summarisch erfasst, der tatsächliche zeitliche Verlauf ist aber in den meisten Fällen unbekannt. In erster Näherung kann für die Ermittlung der Eigenverbrauchsquote einer geplanten Photovoltaikanlage ein Standardlastprofil herangezogen werden, wie es von vielen Netzbetreibern veröffentlicht wird. Ein Standardlastprofil stellt den mittleren Stromverbrauch beispielsweise von Haushalts- oder Gewerbekunden dar. Für eine genauere Prognose der Eigenverbrauchsquote muss daher das tatsächliche Verbrauchsprofil des Haushalts hochauflösend gemessen werden. Das ist jedoch zeit- und kostenintensiv. Ein typischer 4-Personenhaushalt mit einer $4\,\text{kW}_\text{p}$ Photovoltaikanlage weist zwar eine photovoltaisch erzeugte Strommenge auf, die in etwa dem Jahresverbrauch entspricht, jedoch wird dabei nur eine Eigenverbrauchsquote von 20 bis 40 % erreicht. Dieser relativ niedrige Wert hat unterschiedliche Gründe: zum einen kann der nächtliche Grundlastbedarf nicht direkt durch die Photovoltaikanlage gedeckt werden. Zum anderen weisen Stromproduktion und Strombedarf unterschiedliche saisonale Verläufe auf. Die Steigerung der Eigenverbrauchsquote kann durch eine Änderung des Nutzerverhaltens erfolgen. Der Betrieb leistungsstarker Verbraucher kann dem Stromangebot der Photovoltaikanlage angepasst werden. Dazu ist jedoch die Kenntnis von Momentanverbrauch und -erzeugung notwendig. Durch die Optimierung des Nutzerverhaltens kann die Eigenverbrauchsquote um bis zu 10 Prozentpunkte gesteigert werden. Für eine weitere Steigerung der Eigenverbrauchsquote muss der Strom in einer Batterie zwischengespeichert werden. Dabei ist anhand der notwendigen Investitionskosten, der Lebensdauer und dem Strompreis eine wirtschaftlich optimale Speichergröße zu ermittelt.

Mit steigender Zahl von Systemen mit Batteriespeichern nimmt deren Bedeutung hinsichtlich der Netzbelastung zu. Solange die erzeugte Strommenge niedriger als der Verbrauch ist, wird der Solarstrom direkt verbraucht. Übersteigt die Stromproduktion den Verbrauch, wird die Batterie geladen. Ist der Batteriespeicher beispielsweise kurz vor dem Sonnenhöchststand voll geladen, muss das öffentliche Stromnetz dann nahezu die Maximalleistung der Photovoltaikanlage aufnehmen (vgl. Abb. 5.24). Im Fall einer einzelnen Anlage kann das Netz diesen Leistungssprung verkraften. Tritt dieses Verhalten bei einer großen Zahl von Photovoltaikanlagen in einem begrenzten Zeitraum auf, kann das zu Netzengpässen und -überlastungen führen. Die Lösung dieses

Problems ist die Verlagerung der Batterieladung in den Zeitraum des Leistungsmaximums der Photovoltaikanlage. Neben der Vermeidung eines kurzfristigen Leistungssprungs führt diese Ladestrategie zu einer

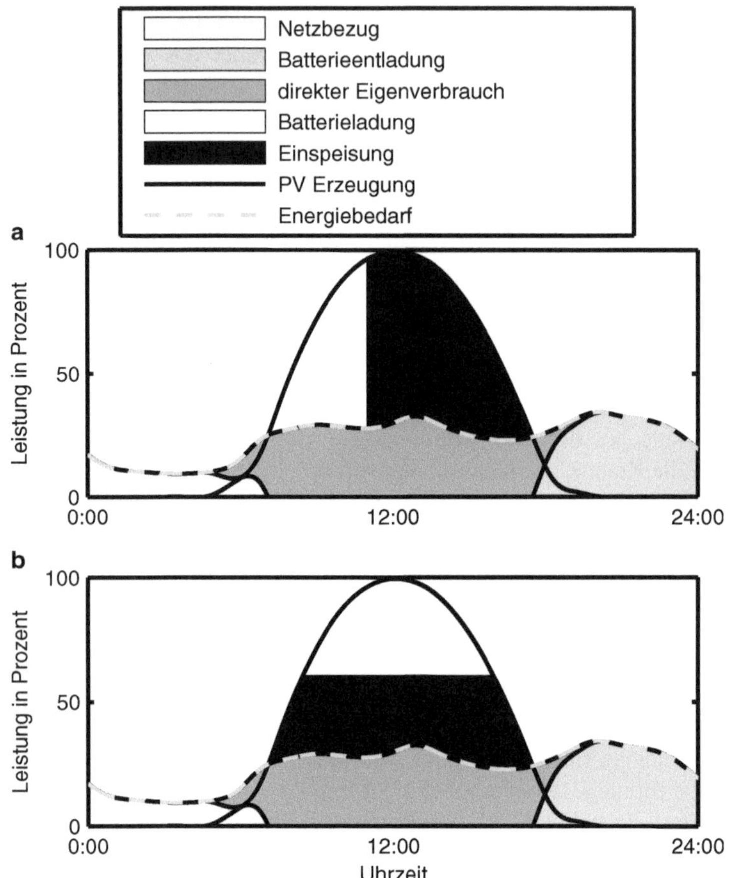

Abb. 5.24 a Nach vollständiger Batterieladung erfolgt ein steiler Anstieg der Einspeiseleistung. b Erfolgt die Batterieladung mit einer auf Wetterprognosen basierenden Ladestrategie wird die Einspeisespitze gekappt und das öffentliche Stromnetz entlastet

Absenkung der Einspeiseleistung und entlastet die Stromnetze. Um auch bei bewölkten Bedingungen eine volle Batterieladung zu gewährleisten ist dazu jedoch die Einbindung von Wetterprognosen notwendig. Eine ausführliche Darstellung der Auswirkung von Photovoltaikanlagen auf den Netzbetrieb erfolgt in Abschn. 6.2.

Beispiel

Eigenverbrauch

Wird ein Teil des Stroms aus der Photovoltaik nicht in das Netz eingespeist, sondern selbst verbraucht, hat dies deutliche Auswirkungen auf die Wirtschaftlichkeit der Anlage. Für Photovoltaikanlagen kleiner $10\,kW_p$ ergeben sich analog zur Einspeisevergütung Stromerzeugungskosten von näherungsweise 12,31 ct/kWh. Mit einem Strombezugspreis von 28 ct/kWh ergibt sich eine Strombezugsersparnis von 15,69 ct/kWh. Mit einer angenommenen Eigenverbrauchsquote von 30 % und einem durchschnittlichen spezifischen Jahresertrag von $950\,kWh/kW_p$ teilt sich der Jahresertrag in $285\,kWh/kW_p$ Eigenverbrauch und $665\,kWh/kW_p$ Netzeinspeisung auf. Das entspricht einer jährlichen Strombezugspreiseinsparung von $44{,}72\,€/kW_p$ und einer Einspeisevergütung von $81{,}86\,€/kW_p$. Insgesamt kann somit ein jährlicher Zahlungsstrom von $126{,}58\,€/kW_p$ ermittelt werden. Ausgehend von jährlichen Wartungskosten in Höhe von 1,5 % der Investitionskosten und einer Inflationsrate von 2 % ergibt sich eine Kapitalwert von Null bei einer Investitionssumme von $1662\,€/kW_p$. Das heißt liegen die Investitionskosten darüber, ist ein wirtschaftlicher Betrieb der Anlage fraglich. Eine Übersicht über die sich ergebenden Höchstbeträge für Investitionskosten in Abhängigkeit des spezifischen Jahresertrags und der Eigenverbrauchsquote ist in Abb. 5.25 dargestellt. Für Investitionskosten von $1200\,€/kW_p$ ergibt sich demnach eine Kapitalverzinsung von 6,46 % nach 20 Jahren. Eine Strompreissteigerung würde sich dabei positiv auf die Kapitalverzinsung auswirken.

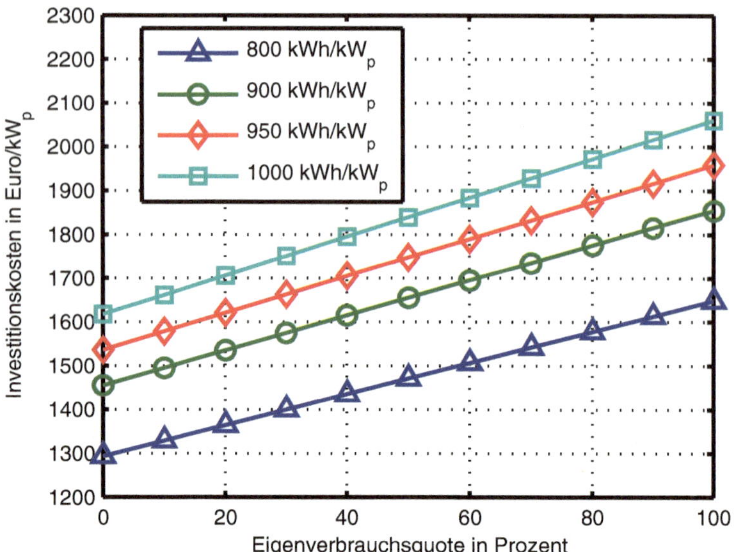

Abb. 5.25 Maximale Investitionskosten unterhalb welchen kein wirtschaftlicher Betrieb möglich ist, in Abhängigkeit der Eigenverbrauchsquote und des spezifischen Energieertrags. Es wurden ein Strombezugspreis von 28 ct/kWh, Stromerzeugungskosten von 12,31 ct/kWh, jährliche Wartungskosten von 1,5 % der Investitionssumme sowie eine Inflationsrate von 2 % angenommen

Literatur

1. Deutsche Gesellschaft für Sonnenenergie e. V. (Hg.): Leitfaden Photovoltaische Anlagen. Berlin 2010
2. Konrad, F.: Planung von Photovoltaik-Anlagen. Vieweg 2007.
3. Häberlein, H.: Photovoltaik Strom aus Sonnenlicht für Verbundnetz und Inselanlagen. VDE Verlag 2007
4. Europäische Kommission (Hg.): Photovoltaic Geographical Information System (PVGIS), http://re.jrc.ec.europa.eu/pvgis/, Europäische Union 1995–2015
5. Burger, B.: Stromerzeugung aus Solar- und Windenergie im Jahr 2014. Fraunhofer ISE, Freiburg 2015

Photovoltaik in einem zukünftigen Energiesystem   6

Zusammenfassung

Unser überwiegend auf fossilen Energieträgern beruhendes Energiesystem befindet sich in einer Krise. Modellrechnungen zeigen, dass es im Bereich der Stromerzeugung auch für ein hochindustrialisiertes Land wie Deutschland möglich ist, die fossilen und nuklearen Energieträger bis zum Jahr 2050 weitgehend durch erneuerbare Energien abzulösen.

Die Photovoltaik zeichnete sich in den vergangen Jahren durch einen rasanten Zubau aus. Sie gehört mit der Windenergie zu den fluktuierenden Energieträgern, die neue Herausforderungen an die Leistungsregelung innerhalb des Verbundnetzes stellen. Dazu gehören einerseits eine verbesserte Ertragsprognose sowie der Ausbau von Netz- und Speicherinfrastruktur. Andererseits nehmen Photovoltaikanlagen zunehmend aktiv am Lastmanagement der Netzbetreiber teil und erbringen so wichtige Systemdienstleistungen für eine sichere und nachhaltige Stromversorgung.

Die Endlichkeit der fossilen und nuklearen Energieträger, die Emissionen von Treibhausgasen mit der Folge des Klimawandels und nicht zuletzt die Konflikte um die globalen Energieressourcen bestimmen immer stärker die deutsche und internationale Energiepolitik. Internationale Vereinbarungen wie die Agenda21 oder die Klimarahmenkonvention

© Springer-Verlag Berlin Heidelberg 2016
V. Wesselak und S. Voswinckel, *Photovoltaik – Wie Sonne zu Strom wird*,
Technik im Fokus, DOI 10.1007/978-3-662-48906-2_6

spiegeln sich auch in der deutschen Energiepolitik wider. Deren Kernpunkte sind die Steigerung der Energieeffizienz und der Ausbau erneuerbarer Energien. So wird für die Stromerzeugung ein Anteil erneuerbarer Energien von 40 bis 45 % bis zum Jahr 2025 und von mindestens 80 % bis zum Jahr 2050 angestrebt [1]. Der in den vergangenen Jahren stark zunehmende Anteil elektrischer Energie aus regenerativen Energieträgern (vgl. Abb. 6.1) ist somit erst der Beginn eines nachhaltigen und umweltverträglichen Umbaus des elektrischen Energiesystems.

Die Einspeisung von elektrischer Energie in das Verbundnetz weist je nach Energieträger unterschiedliche Herausforderungen auf. Biomasse-, Geothermie- und Wasserkraftwerke arbeiten mit leicht speicherbaren bzw. kontinuierlich anfallenden Primärenergieträgern; sie können daher wie konventionelle Kraftwerke geregelt und beispielsweise im Grundlastbetrieb eingesetzt werden. Im Gegensatz dazu hat die Integration von Photovoltaik- und Windkraftanlagen aufgrund des fluktuierenden Primärenergieangebotes und der regionalen Konzentration von Windkraftanlagen z. T. erhebliche Auswirkungen auf die bestehenden

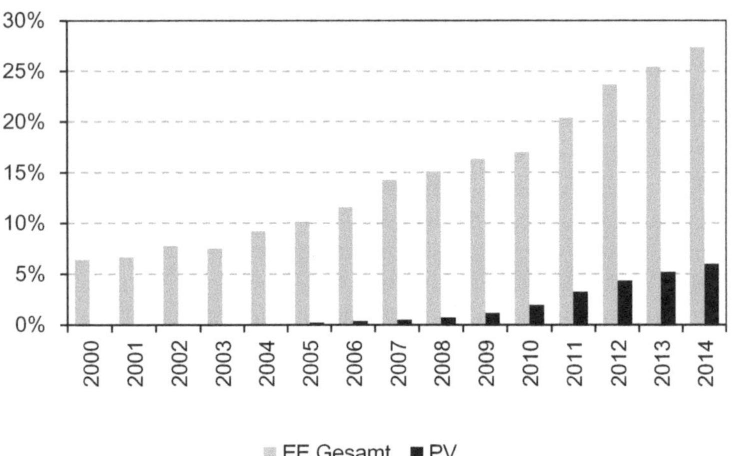

Abb. 6.1 Anteil der erneuerbaren Energien insgesamt und der Photovoltaik am Bruttostromverbrauch in Deutschland von 2000 bis 2014. (Nach Bundesministerium für Wirtschaft und Energie [2])

Netzstrukturen. Die sich daraus ergebenden Anforderungen an den Netzumbau sind ein wichtiger Baustein für zukünftige dezentrale Energieerzeugungsstrukturen.

6.1 Energiepotential der Photovoltaik

Um den möglichen Beitrag eines Energieträgers zur Energieversorgung abschätzen zu können, unterscheidet man unterschiedliche Potentialbegriffe. So bezeichnet das *theoretische Potential* die physikalisch maximal erschließbare Energiemenge eines Energieträgers oder einer Energiequelle. Das theoretische Potential der Photovoltaik würde sich also auf die gesamte Fläche Deutschlands beziehen und kann sinnvollerweise nur eine Vorstellung von der überhaupt zur Verfügung stehenden Energiemenge liefern. Abb. 6.2 illustriert das theoretische Potential der Photovoltaik: Die mittlere jährliche Einstrahlung beträgt in sonnenreichen Regionen ca. $2000\,\mathrm{kWh/m^2}$. Mit einem realisierbaren Systemwirkungsgrad von 14 % lässt sich der Primärenergiebedarf der Welt, Europas und Deutschlands mit den abgebildeten maßstäblichen Flächen abdecken.

Das *technische Potential* schränkt das theoretische Potential hinsichtlich des Stands der Technik sowie verfügbarer Standorte ein. Bei der Berechnung des technischen Potentials werden daher häufig nur geeignete Dach-, Fassaden- und Siedlungsflächen berücksichtigt. Mit dieser Festlegung kann das technische Potential der Photovoltaik in Deutschland mit 150 TWh abgeschätzt werden – das entspricht 25 % des gegenwärtigen Strombedarfs [3]. Dazu ist eine installierte Leistung von $165\,\mathrm{GW_p}$ notwendig. Derzeit (2015) beträgt die installierte Photovoltaikleistung in Deutschland etwa $40\,\mathrm{GW_p}$, d. h. das technische Potential ist erst zu einem Viertel ausgeschöpft.

Die zukünftige Energiebereitstellung in Deutschland wird auf einem breiten Mix erneuerbarer Energien beruhen. Der Anteil der Photovoltaik wird in unterschiedlichen Modellrechnungen – sogenannten *Szenarien* – durchaus unterschiedlich bewertet, je nachdem welche Rahmenbedingungen hinsichtlich der Entwicklung des zukünftigen Energieverbrauchs, der Reduktionsgeschwindigkeit der Kohlendioxidemissionen oder dem Anteil des Importstroms aus den europäischen Nachbarländern gesetzt werden. Die drei wichtigsten Szenarien, die die

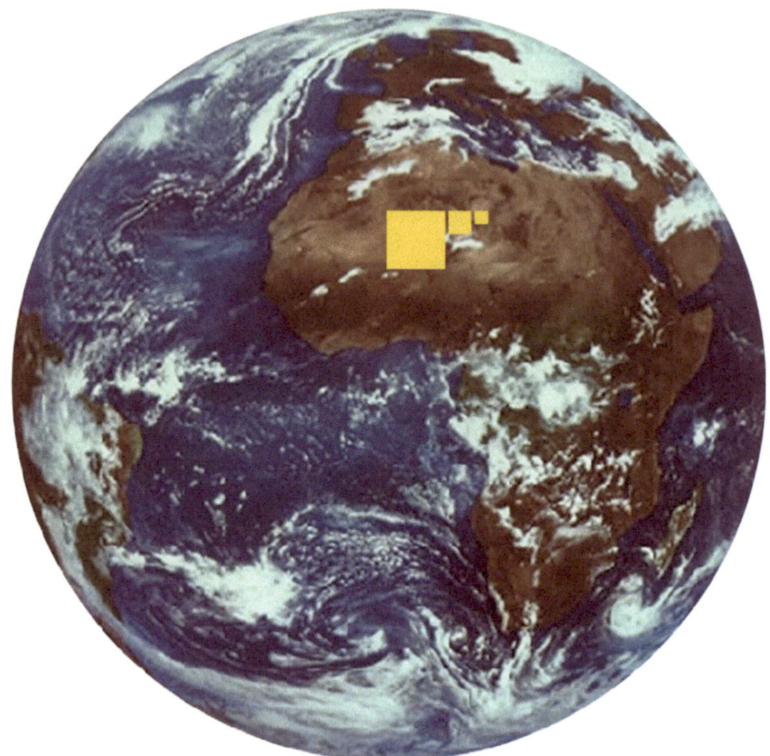

Abb. 6.2 Zur Illustration des theoretischen Potentials der Photovoltaik: Benötigte Flächen für die Deckung des Primärenergiebedarfs der Welt, Europas und Deutschlands. (Foto: ESA/Meteosat)

gegenwärtige energiepolitische Diskussion in Deutschland begleiten, kommen für das Jahr 2050 zu einer jährlichen Stromerzeugung mittels Photovoltaik von 61 TWh (DLR 2010, [4]), 100 TWh (SRU 2010, [5]) bzw. 143 TWh (FhISE 2013, [6]). Alle drei Szenarien gehen also noch von einem deutlichen Ausbau der Photovoltaik aus, jedoch bei einem unterschiedlichen Grad der Potentialausschöpfung.

6.2 Netzintegration von Photovoltaikanlagen

Ende 2015 waren in Deutschland knapp 40 GW$_p$ Photovoltaikleistung installiert. In den Jahren 2010 bis 2012 lag der jährliche Zubau bei rund 7,5 GW$_p$, wodurch sich jährliche Zubauraten von über 40 % ergaben. Aufgrund der in 2012 massiv gekürzten Einspeisevergütung fiel der Zubau im Jahr 2013 auf 3,3 GW$_p$ ab und liegt derzeit unter 1,5 GW$_p$ pro Jahr (vgl. Abb. 6.3). Der Anteil der Photovoltaik an der Bruttostromerzeugung lag 2015 bei gut 6 %.

Erzeugungsseitig lässt sich photovoltaisch erzeugter Strom besonders gut in elektrische Energieversorgungssysteme integrieren, die eine ausgeprägte Mittagsspitze aufweisen, wie es in den meisten Industrieländern der Fall ist. Hier substituieren Photovoltaikanlagen überwiegend Leistung aus Spitzen- und Mittellastkraftwerken und tragen damit zur Deckung des fluktuierenden Lastanteils bei [7, 8]. Abb. 6.4 zeigt den Einfluss der Einspeisung aus Photovoltaikanlagen auf die deutsche Stromproduktion in einer Sommerwoche mit hoher Einstrahlung (oben) und einer Winterwoche mit niedriger Einstrahlung (unten). Dargestellt ist die Erzeugung aus Photovoltaik- und Windkraftanlagen sowie die restliche (insbesondere konventionelle) Erzeugung. Zusätzlich dargestellt ist der

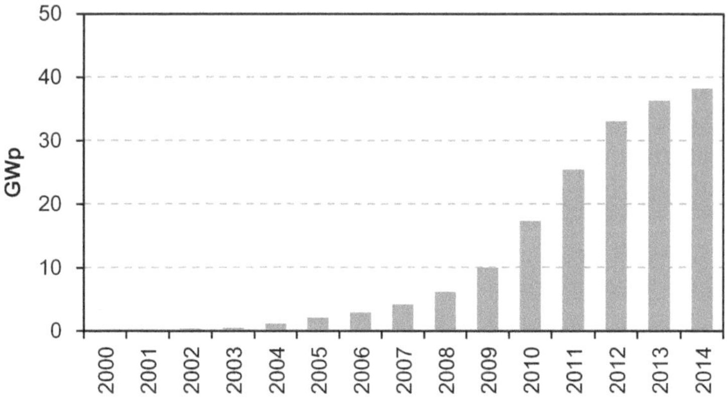

Abb. 6.3 Installierte Leistung von Photovoltaikanlagen in Deutschland von 2000 bis 2014. (Nach Bundesministerium für Wirtschaft und Energie [2])

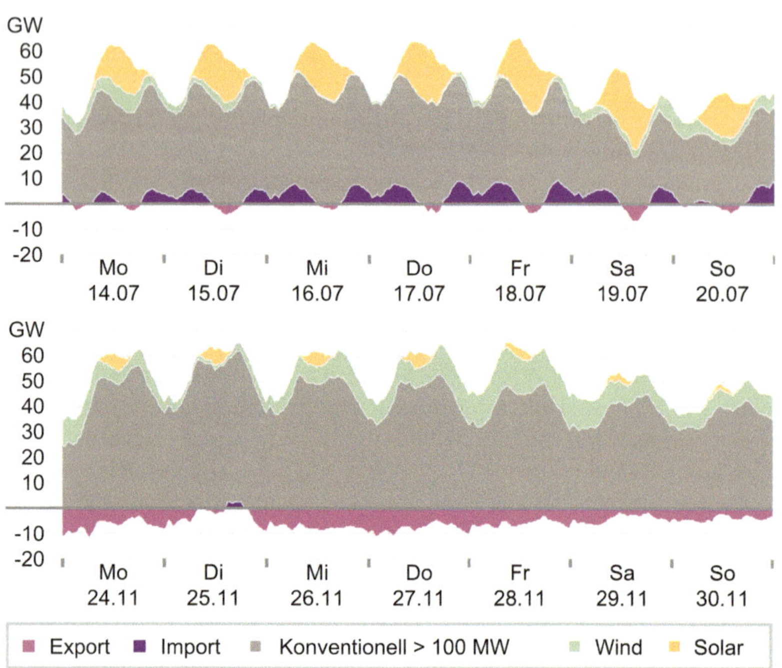

Abb. 6.4 Einfluss der Einspeisung aus Photovoltaik auf den Lastgang für eine Sommer- und eine Winterwoche des Jahres 2014. (Burger [9])

Austausch elektrischer Leistung über die Grenzen des deutschen Verbundnetzes.

Beide Lastgänge zeigen, dass sich die Versorgungsaufgabe durch den Ausbau der Photovoltaik gewandelt hat: anstelle einer Mittagsspitze sind jetzt eine Morgen- und Abendspitze deutlich geringerer Leistung zu decken. Ferner verdeutlichen die gewählten Erzeugungsverläufe die prinzipielle Komplementarität von Photovoltaik und Windkraft.

Ein weiterer Vorteil der dezentralen Einspeisung von Photovoltaikleistung liegt in der Entlastung der Übertragungs- und Verteilnetze von einem Teil der fluktuierenden Verbraucherleistung. Photovoltaikanlagen sind darüber hinaus in der Lage, weitere Netzdienstleistungen zu erbringen:

- Regelung der Wirkleistung: Bei einem Leistungsüberangebot können Photovoltaikanlagen vergleichsweise schnell und unproblematisch in der Leistung reduziert oder vollständig vom Netz genommen werden. Photovoltaikanlagen können also negative Regelleistung zur Verfügung stellen.
- Regelung der Blindleistung: Photovoltaik-Wechselrichter sind technisch in der Lage, auch Blindleistung zur Verfügung zu stellen. Damit kann dezentral eine Blindleistungsbereitstellung erfolgen und somit Übertragungs- und Verteilnetze entlastet werden. Ein notwendiger Netzausbau kann dadurch vermieden oder zumindest hinausgezögert werden.

Wirk- und Blindleistung

Elektrische Leistung ist als Produkt von Strom und Spannung definiert. Im Gegensatz zu Gleichstromsystemen ändern sich Stärke und Richtung von Strom I und Spannung U in Wechselstromsystemen regelmäßig. Beide Größen folgen im öffentlichen Netz einem sinusförmigen Verlauf mit einer Frequenz von 50 Hz. Wenn Strom und Spannung gleichzeitig ihren Minimal- und Maximalwert erreichen, also in Phase sind, wird reine *Wirkleistung* umgesetzt. Die Leistung P schwankt in diesem Fall zwischen Null und dem Maximalwert, im zeitlichen Mittel ergibt sich ein positiver Leistungswert.

Liegt eine Phasenverschiebung von Strom und Spannung von 90° vor, d. h. das Maximum des Stromwertes tritt beim Nulldurchgang der Spannung auf, schwankt die Leistung zwischen einem positiven Maximum und einem negativen Minimum. Im zeitlichen Mittel ergibt sich der Wert Null und man spricht von *Blindleistung*. Der physikalische Hintergrund der Blindleistung ist das periodische Umladen induktiver oder kapazitiver Verbraucher an einer Wechselspannung.

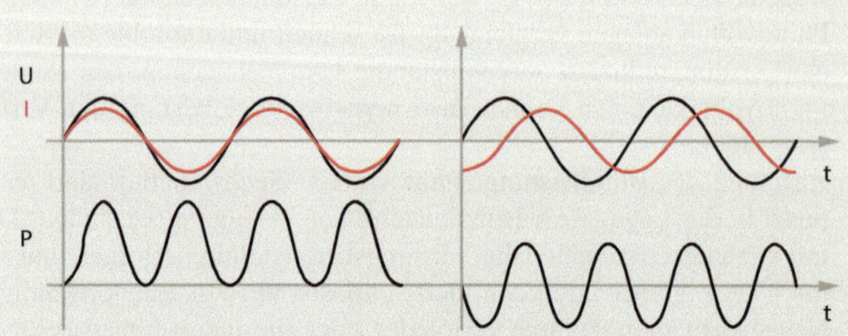

Diese beiden Extremfälle sind in der Abbildung skizziert: links reine Wirkleistung, rechts reine Blindleistung.

Typische Werte für die Phasenverschiebung von Strom und Spannung in elektrischen Energieversorgungsnetzen liegen zwischen 0 und 20°, d. h. Wirk- und Blindleistung liegen gleichzeitig vor. Da nur Wirkleistung im Sinne einer technischen Umsetzung beispielsweise in Arbeit genutzt werden kann, ist man bestrebt, den Blindleistungsanteil möglichst gering zu halten. Die dadurch freiwerdenden Leistungsreserven können für die Übertragung zusätzlicher Wirkleistung genutzt werden.

6.3   Systemdienstleistungen von Photovoltaikanlagen

In dem vorangegangenen Abschnitt wurde aufgezeigt, dass auch dezentrale Energieerzeuger wie Photovoltaikanlagen Systemdienstleistungen wie die Bereitstellung von Regelenergie oder Blindleistungseinspeisung leisten können. Die installierte Photovoltaikleistung von $40\,GW_p$ hat inzwischen eine Größenordnung erreicht – zum Vergleich: die gesamte fossile und nukleare Kraftwerkskapazität in Deutschland umfasst etwa $100\,GW$ – die eine aktive Einbindung in das Lastmanagement unabdingbar macht. Neben technischen Fragestellungen war auch ein Vergütungsmodell für Systemdienstleistungen durch Photovoltaikanlagen zu klären; lange Zeit wurde ausschließlich die eingespeiste Wirkleistung gemäß EEG vergütet.

Mit der Novellierung des Erneuerbaren-Energien-Gesetzes 2009 wurden erstmals Photovoltaikanlagen mit einer Leistung über $100\,kW_p$ einem Einspeisemanagement unterworfen, das auch eine ausnahmsweise Abregelung der Anlagen durch den Netzbetreiber ermöglicht. Auf diese Weise sollten kurzfristige Überlastungen des Netzes vermieden werden. Für alle Photovoltaikanlagen, die in das Mittelspannungsnetz einspeisen, legte die *Mittelspannungsrichtlinie* bereits eine aktive Teilnahme am Netzmanagement fest [10]. Mit der Novellierung des Erneuerbaren-Energien-Gesetzes 2012 wurden diese Maßnahmen nun auch auf kleinere, in das Niederspannungsnetz einspeisende Photovoltaikanlagen ausgedehnt.

Mittelspannungsrichtlinie

Die Mittelspannungsrichtlinie des Bundesverbandes der Energie- und Wasserwirtschaft (BDEW) trat in einer neu überarbeiteten Version am 1. Januar 2009 in Kraft. Sie regelt die Anforderungen für den Anschluss und den Betrieb von Erzeugungsanlagen am Mittelspannungsnetz. Als *Erzeugungsanlagen* im Sinne dieser Richtlinie gelten beispielsweise Windkraft-, Wasserkraft- und Photovoltaikanlagen. Alle neu in Betrieb genommenen Erzeugungsanlagen am Mittelspannungsnetz müssen danach einen aktiven Beitrag zum Netzmanagement leisten. Konkret bedeutet das:

- Bei einer Frequenzerhöhung im Netz muss die Wirkleistung automatisch begrenzt werden.
- Im Normalbetrieb ist durch die Bereitstellung von kapazitiver oder induktiver Blindleistung bis zu einem $\cos\varphi = 0{,}95$ ein Beitrag zur Spannungsstabilität zu leisten.
- Im Störungsfall soll ein Verbleib am Netz einen Beitrag zur dynamischen Netzstützung leisten („fault ride through").

Die alte Regelung, nach der im Fehlerfall Regenerative Erzeugungsanlagen unverzüglich vom Netz zu nehmen waren, wich damit einer grundlegenden Neubewertung dieser Anlagen, die ihre wachsende Bedeutung in der elektrischen Energieversorgung widerspiegelte.

Durch die Einbeziehung auch in das Niederspannungsnetz einspeisender Photovoltaikanlagen kleiner und mittlerer Leistungen in das Netzmanagement wurde dem sog. 50,2-Hertz-Problem begegnet [11]. Bis zum 31. Dezember 2011 an das Niederspannungsnetz angeschlossene Eigenerzeugungsanlagen, wie z. B. Photovoltaikanlagen, mussten bei einer Netzfrequenz von über 50,2 Hz vollständig vom Netz getrennt werden. Diese Regelung stammte aus einer Zeit, da in diesem Netz nur eine geringe Erzeugerleistung vorhanden war. Aufgrund des rasanten Zubaus von Photovoltaikleistung wurde dadurch jedoch die Systemsicherheit des europäischen Verbundnetzes gefährdet: wäre diese Frequenz erreicht worden, hätten sich die angeschlossenen Photovoltaikanlagen und andere Erzeugungsanlagen am Niederspannungsnetz abgeschaltet. Im ungünstigsten Fall wären bis zu 20 GW abrupt vom Netz getrennt worden. Das entspricht einem Vielfachen des zulässigen Werts nach den Regeln des europäischen Verbundnetzes. Die Folge hätte ein vollständiger Zusammenbruch der Netzfrequenz sein können, bei dem ein Wert von 49,5 Hz unterschritten wird. Dies wiederum hätte ein Trennung aller älteren Windkraftanlagen vom Netz zur Folge gehabt. Ein großräumiger Blackout wäre unvermeidlich gewesen. Um dieses Szenario zu vermeiden, müssen auch Erzeugungsanlagen am Niederspannungsnetz ab dem 1. Januar 2012 ebenfalls am Netzmanagement teilnehmen und oberhalb von 50,2 Hz ihre Leistung um 40 %/Hz reduzieren. Eine komplette Abschaltung erfolgt dann erst bei einer Frequenz von 51,5 Hz. Eine Ausnahme stellen Anlagen bis zu einer installierten Leistung von 30 kW$_p$ dar. Hier kann der Anlagenbetreiber auswählen ob er am Netzmanagement teilnimmt. Tut er dies nicht, darf die maximale Wirkleistungseinspeisung nur 70 % der installierten Generatorleistung betragen. Ferner wurde für Bestandsanlagen die folgenden Übergangsbestimmungen erlassen:

- Installierte Leistung über 100 kW$_p$: Unabhängig vom Jahr der Inbetriebnahme mussten alle Anlagen mit einer Leistung über 100 kW$_p$ bis zum 1. Juli 2012 nachgerüstet werden, damit der Netzbetreiber die aktuelle Einspeiseleistung abrufen und bei Netzüberlastung ferngesteuert die Einspeiseleistung reduzieren kann.

- Installierte Leistung 30 bis $100\,kW_p$: Photovoltaikanlagen die nach dem 31. Dezember 2008 in Betrieb genommen wurden, mussten bis zum 1. Januar 2014 ebenfalls nachgerüstet werden um die Leistung ferngesteuert abzuregeln und die Ist-Einspeisung abrufen zu können.

Die Aufgrund der Leistungsabregelung entgangenen Einnahmen der Anlagenbetreiber werden zu 95 % durch den Netzbetreiber entschädigt. Übersteigen die Einnahmeverluste 1 % der Jahreseinnahmen, werden die Verluste zu 100 % ausgeglichen. Die Kosten der Umrüstung der Bestandsanlagen wurden jeweils zur Hälfte über die Netzentgelte und die EEG-Umlage finanziert.

EEG 3.0

Derzeit wird unter dem Schlagwort EEG 3.0 eine grundlegende Überarbeitung des Erneuerbare Energien Gesetztes diskutiert [12]. Wesentliche Merkmale sind die Einhaltung der bereits heute geltenden Ausbaukorridore für die einzelnen Energieträger, eine Begrenzung der Kosten sowie die Wahrung der Akteursvielfalt beim Ausbau der erneuerbaren Energien.

Im Bereich der Photovoltaik soll es für kleinere und mittlere Anlagen mit einer Leistung unter 1 MW bei einer gesetzlich festgelegten Förderung bleiben, die über das Verfahren des atmenden Deckels fortgeschrieben wird. Für Anlagen mit einer Leistung größer 1 MW wird die Vergütung über Ausschreibungen ermittelt. Gegenstand der Ausschreibung ist die aus der EEG-Umlage finanzierte Marktprämie, die die Erlöse aus der vorgeschriebenen Direktvermarktung der erzeugten Energie ergänzt. Jährlich sollen 500 MW des Photovoltaikzubaus über Ausschreibungen realisiert werden, die Größe der Einzelanlagen ist dabei auf 10 MW beschränkt.

Ein höherer Anteil erneuerbarer Energien im Netz wird den Einfluss des Netzmanagements auf Auslegung und Betrieb von Photovoltaikanlagen verstärken. Um die sich daraus ergebenden finanziellen Risiken abzufedern, sind steigende Marktprämien zu erwarten. Auch die Ablösung der Marktprämie durch eine Kapazitätsprämie wird diskutiert [13].

In der bisherigen Praxis wird davon ausgegangen, dass für Photovoltaikanlagen bis zu einer Leistung von $30\,\mathrm{kW_p}$ der Hausanschluss den günstigsten Netzverknüpfungspunkt darstellt, wobei bis zu einer wechselstromseitigen Leistung von $4,6\,\mathrm{kVA}$ die Einspeisung auch einphasig erfolgen darf. Das setzt voraus, dass die vorhandenen Niederspannungs-Verteilnetze die Leistung auch aufnehmen können. Dies ist jedoch nur für bestimmte Klassen von Niederspannungsnetzen gegeben, insbesondere ländliche Gebiete, Vorstadt- und Dorfnetze sind im Gegensatz zu Stadtnetzen und Gewerbegebieten für das dort vorhandene Photovoltaik-Ausbaupotential nicht ausgelegt. Eine Überlastung des Niederspannungs-Verteilnetzes äußert sich zunächst in einer Spannungserhöhung, die das einzuhaltende Band von $\pm 10\,\%$ um die Netzspannung verlässt, selten auch in einer (thermischen) Überlastung der Betriebsmittel.
Die benannten Probleme im Niederspannungsbereich spiegeln deutlich wieder, dass sowohl der Netzausbau als auch die Reglementierung der Anschlussbedingungen der Dynamik des Ausbaus erneuerbarer Energieerzeugungsanlagen nur teilweise folgen konnten. Der Ausbau dezentraler Technologien wie der Photovoltaik bietet jedoch auch Chancen, einerseits die Netzstabilität durch die konsequente Einbeziehung der dezentralen Erzeugerkapazitäten in das Netzmanagement zu erhöhen und andererseits eine Entlastung der Netze durch einen Ausbau des Eigenverbrauchs und der dezentralen Blindleistungsbereitstellung zu erzielen. Denn: der Paradigmenwechsel in der Energiewirtschaft ist nicht die Ablösung fossiler Energieträger durch erneuerbare sondern der von einer zentralen Energieerzeugung hin zu einer dezentralen!

Literatur

1. N.N.: Der Weg zur Energie der Zukunft – sicher, bezahlbar und umweltfreundlich. Eckpunktepapier der Bundesregierung zur Energiewende. Berlin (2011)
2. Bundesministerium für Wirtschaft und Energie (Hg.): Gesamtausgabe der Energiedaten, 10/2015
3. Bundesministerium für Umwelt (Hg.): Erneuerbare Energien in Zahlen – nationale und internationale Entwicklung. Berlin (2011)
4. Bundesministerium für Umwelt (Hg.): Leitszenario 2010 – Langfristszenarien und Strategien für den Ausbau erneuerbarer Energien in Deutschland bei Berücksichtigung der Entwicklung in Europa und global. Berlin (2010)
5. Sachverständigenrat für Umweltfragen (Hg.): Wege zur 100 % Erneuerbaren Stromversorgung. Berlin 2010
6. Schlesinger, M., et. al.: Energieszenarien für ein Energiekonzept der Bundesregierung. Basel, Köln, Osnabrück 2010
7. Bofinger, S., et. al.: Rolle der Solarstromerzeugung in zukünftigen Energieversorgungsstrukturen – Welche Wertigkeit hat Solarstrom? Untersuchung im Auftrag des Bundesministeriums für Umwelt, Naturschutz und Reaktorsicherheit. Kassel (2008).
8. Braun, M., Degner, T., Glotzbach, T, Saint-Drenan, Y.-M.: Wertigkeit von PV-Strom. Nutzen durch Substitution des konventionellen Kraftwerksparks und verbrauchsnahe Erzeugung. 23. Symposium Photovoltaische Solarenergie, Bad Staffelstein (2008).
9. Burger, B.: Stromerzeugung aus Solar- und Windenergie im Jahr 2014. Fraunhofer ISE, Freiburg 2015
10. BDEW (Hrsg.): Erzeugungsanlagen am Mittelspannungsnetz – Richtlinie für Anschluss und Parallelbetrieb von Erzeugungsanlagen am Mittelspannungsnetz (Technische Richtlinie). Berlin (2008)
11. Fürst, M.: Das 50,2-Hertz-Problem. Vortrag BMWi-Gesprächsplattform „Zukunftsfähige Netze und Systemsicherheit". Berlin 2011
12. Bundesministerium für Wirtschaft und Energie (Hg.): EEG-Novelle 2016 – Eckpunktepapier. Berlin 2015
13. Agora Energiewende (Hg.): Erneuerbare-Energien-Gesetz 3.0. Konzept einer strukturellen EEG-Reform auf dem Weg zu einem neuen Strommarktdesign. Berlin 2014

Bundesministerium für Wirtschaft und Energie (Hg.): Erneuerbaren Energien in Zahlen. Berlin 2015

Das Bundesministerium für Wirtschaft und Energie veröffentlicht in regelmäßigen Abständen Daten über die Entwicklung erneuerbarer Energien in Deutschland und Europa. Die aktuelle Version der Broschüre ist kostenlos auf der Homepage des Ministeriums verfügbar und ermöglicht einen Überblick über die Zusammensetzung des Stromerzeugungssystems in Deutschland. Darüber hinaus finden sich darin auch zahlreiche weiterführende Information mit Zahlen und Fakten zu Erneuerbaren Energien.

Deutsche Gesellschaft für Sonnenenergie e. V. (Hg.): Leitfaden Photovoltaische Anlagen. Berlin 2013

Der Leitfaden Photovoltaische Anlagen vermittelt Grundlagen- und Praxiswissen der Photovoltaik und bietet Hilfestellung zur Planung, zum Bau und zur Installation von Photovoltaikanlagen. Es wird unter anderem auf marktgängige Systeme, Dimensionierung, Vorschriften, Installationstechnik und Praxiserfahrungen eingegangen. Schwerpunkte des Leitfadens sind neben der Planung und Auslegung von netzgekoppelten Anlagen die Auswahl des geeigneten Montagesystems und die Gebäudeintegration.

© Springer-Verlag Berlin Heidelberg 2016
V. Wesselak und S. Voswinckel, *Photovoltaik – Wie Sonne zu Strom wird*,
Technik im Fokus, DOI 10.1007/978-3-662-48906-2

Luque, A., Hegedus, S. (Hg.): Handbook of Photovoltaic Science and Engineering. John Wiley & Sons, 2011
Dieses Standardwerk im Bereich der Photovoltaik beinhaltet einen fundierten Überblick über die technischen Grundlagen sowie die aktuellen technologischen Trends in der gesamten Breite der Solarzellenforschung. Daneben wird von den Herstellungsprozessen bis hin zu Finanzierungsmöglichkeiten auch das gesamte Umfeld der Photovoltaik in englischer Sprache abgehandelt.

Würfel, P.: Physik der Solarzellen. Spektrum Akademischer Verlag, Heidelberg 2000
Dieses Buch behandelt eingehend die physikalischen Grundlagen der Umwandlung von Strahlungsenergie in elektrische Energie mit Hilfe von Solarzellen. Obere Grenzen für die erzielbaren Wirkungsgrade werden mit Hilfe thermodynamischer Grundzusammenhänge abgeleitet. Trotz der Fülle an physikalischen Details bietet dieses Werk eine gut lesbare und verständliche Darstellung über die Funktion von Solarzellen.

Wesselak, V.; Schabbach, T.; Link, T.; Fischer, J.: Regenerative Energietechnik. Springer, Heidelberg 2013
Das Buch behandelt Photovoltaik, Solar- und Geothermie, Biomasse, Wind- und Wasserkraft. Damit werden sowohl Systeme zur Elektrizitäts- als auch zur Wärmebereitstellung berücksichtigt. In den einzelnen Kapiteln werden – ausgehend von den natur- und ingenieurwissenschaftlichen Grundlagen – die Funktionsweise der zentralen Komponenten sowie deren Verknüpfung zu Systemen dargestellt. Konkrete Planungs- und Auslegungsbeispiele verbinden die theoretischen Grundlagen mit einer handlungsorientierten Lehre. Der Integration regenerativer Energieanlagen in die bereits vorhandenen Systeme für Elektrizität, Wärme und Transport ist jeweils ein eigenes Kapitel gewidmet.

Sachverzeichnis